江南文化研究丛书

江南建筑与园林文化

居阅时 著

上海人民出版社

目　录

1　引言

11　**第一章　江南地域范围与环境**
11　一、江南地域范围
12　二、江南环境

21　**第二章　建筑的一般性**
21　一、建筑的构成
24　二、建筑构成三要素
28　三、艺术精神对建筑的影响

33　**第三章　传统建筑的基本特征**
33　一、功能实用第一
37　二、观念架构建筑
39　三、建筑形式象征

48　**第四章　文化镶嵌的江南建筑园林**
48　一、生死文化：风水求吉
59　二、祈愿文化：寓意建筑
72　三、集体文化：公共建筑
77　四、镶嵌性文化的江南建筑
85　五、涵义丰富的装修及附件

97　　第五章　园林：观念形式、精神家园

97　　一、文化观念下的园林发生

100　　二、文人的精神困境

107　　三、王维造园开创解脱之道

115　　四、江南园林艺术气质及其表现

133　　五、精神家园

151　　第六章　江南园林建筑纹样涵义的发生

151　　一、《营造法式》中的建筑纹样

154　　二、具象纹样

158　　三、抽象纹样

163　　四、文字

166　　第七章　江南园林装饰装修及家具陈设的文化涵义

166　　一、室内外装饰装修的文化涵义

186　　二、家具陈设的文化涵义

196　　第八章　江南园林铺地纹样与建筑小品的文化涵义

196　　一、铺地纹样的文化涵义

203　　二、建筑小品的文化涵义

215　　第九章　江南园林植物布置的文化涵义

215　　一、几种植物的文化涵义举例

220　　二、留园景点植物布置的文化涵义

222　　三、拙政园景点植物布置的文化涵义

232　　四、沧浪亭景点植物布置的文化涵义

234　　第十章　江南园林景点布置的文化涵义

234　　一、园林景点布置中的隐居思想

243　　二、园林景点布置中的宗教隐喻

260　　**第十一章　民国时期江南传统建筑与园林的嬗变**

260　　一、新型材料使装饰色调轻松明亮

263　　二、室内装饰更具人情味和尊贵

264　　三、室外装饰愉悦可亲

265　　四、植物象征由西方式的理性代替东方式的感性

268　　**参考文献**

引 言

　　江南建筑与园林是中国传统文化体系中的一个重要组成部分，虽然江南文化有其特殊性，却仍然以大的传统文化为宗源，本书将江南地域文化放在大的传统文化体系中考察，既表明江南建筑园林文化的源头，又说清江南地域文化的特点。

　　要透彻理解江南建筑园林文化，必须弄明白与建筑园林文化相关的其他文化因素，那些文化因素决定着建筑园林文化的深层涵义。建筑园林是文化的载体，是一部非文字的历史书，所以，建筑的体量、方位、尺寸、颜色、布局、装修和园林中的山石、水池、植物、布局等建筑因素本身传达着某种文化涵义。建筑物除了表层传达的意义外，往往另有涵义，它是藏在建筑表层意义背后的另一层意思。我们把表层意思背后间接表达的另一层意思叫作象征。由于中国传统文化积淀相当厚重，在表层意思背后可能还包含多层意思，"另一层意思"指的可能是第二层的，也可能是第三层甚至更多层的。研究表明，中国文化表达含蓄，表层意思大多言不由衷，往往表层背后的"另一层意思"才是要表达的本义，所以，象征义反映了文化本义。本书的主旨就是撩开建筑表层意义背后的另一层神秘面纱，揭示象征义，追寻文化本义，还原建筑园林文化的原来面目。这样的做法会使我们发觉到，象征世界外面的理解是肤浅甚至是错误的。事实上，由于我们对象征理解的忽视，遭受文化困惑久矣。

　　可以这么说，一切建筑都具有象征义，这是由人类的象征思维决定的。那么，中国人是怎么构建建筑文化象征世界的？《易经·系辞传》：

古者，包羲氏之王天下也。仰则观象于天，俯则观法于地。观鸟兽之文，与地之宜，近取诸身，远取诸物。于是始作八卦，以通神明之德，以类万物之情。

这种广泛的附会就是象征的最初开始。早在远古的人类，最先感知的无非是天上的日月星辰，地上的山水物种，以及水中自己的映像和同类亲属，这决定人类文化最早的内容只能是天、地、人。任何文化体系的第一部分内容必然是人对外部世界的朴素看法。在探求世界本源时，从古希腊泰勒斯（Thales）的"水"、赫拉克利特（Herakleitos）的"火"、阿那克萨哥拉（Anaxagoras）的"种子"、德谟克利特（Demokritos）的"原子"等本源说到古印度的"风、火、水、土"世界四要素，再到中国的"金、木、水、火、土"五行说，无不如此。中国人对天、地、人细心的观察中，总结出天文历法、地理知识和医学知识及其相互之间的关系。由于认识与解释能力低下，古人往往通过类比及其他象征形式解释事物现象，因而古人构造的天、地、人相互关联的文化体系，实际上是一个象征内容非常丰富的文化体系。下面让我们一起了解具有丰富象征义的传统文化体系，借此导入建筑文化象征世界。

中国古代人非常喜欢观察天象，并发挥想象力把星象与周围的事物作联系，然后引入日常生活，把现实生活归为宇宙的一部分，自觉接受宇宙支配。古人发明农业后，又自觉不自觉地发现，天象与农业之间存在某些规律。进一步探求的必然结果是要解决时空坐标问题，才能用精确的定量方法掌握星象变化与季节的关系，实行春播秋收。可以推断，发展农业是先民观察天象的最初动机之一，有关天象观察的认识则成为文化体系中最早的内容。

为了准确把握变化的天象，古人把繁花似的天空分成若干个区，便于分辨。再找若干恒定不动的星作参照，使天象变化更容易被察觉。被选作天空坐标的是认为不动的北极星，在北极星下方，有七颗亮星在北方排列成斗形，古人在黄昏时候以斗柄确定季节，斗柄所指东南西北，分别是季节春夏秋冬。北斗星还用来指明方向和确定月份。

古人又把环绕北极和头顶上空相对稳定的恒星群分成三个区，北斗南面叫太微垣，北斗北面叫紫微垣，紫微垣东南叫天市垣，并以人类社会组织分别命名：

太微垣象行政区，二十颗星冠以官职名，如三公、九卿、五诸侯等。紫微垣在黄河流域一带常见不没，被认为是天帝居所，像人间的皇宫区，其中三十七颗星名多冠以皇宫内侍官职务。天市垣像国家、城市和商业区，其中共有十九颗星，星名被冠以国名、城市名甚至商业单位名，如市楼、车肆、屠肆等。这样，天人感应观念影响下具有象征意义的天地对应关系开始建立。

古人观察天象主要对象是日、月和金、木、水、火、土五星的运行情况，仅靠北极星、北斗和三垣作参照还不够，又在东、南、西、北四个方向找出共二十八个恒星群，恒星停留不动如房舍，故称为二十八宿。

古人又用假想线分别把它们串连成崇拜的四方神像，殷代前后，人们把春天黄昏时出现在南方天空的井、鬼、柳、星、张、翼、轸七颗星想象为鸟；把东方天空的角、亢、氐、房、心、尾、箕七颗星想象为龙；把西方天空的奎、娄、胃、昴、毕、觜、参七颗星想象为虎；把北方天空的斗、牛、女、虚、危、空、壁七颗星想象为龟蛇。四象的想象蓝本就是地上四方的图腾形象，即南蛮族和少昊族崇拜的鸟、东夷族崇拜的龙、西羌族崇拜的虎、北方夏氏族崇拜的蛇。这样做进一步扩大了天地对应内容。

同时，时间系统也开始建立。先以沿地平圈十二年运行一周的木星为准（自西向东），后为了与太阳起落方向一致，计时方便，假想太岁星，自东向西，也是沿地平圈十二年运行一周。这样，把地平圈自东向西分作十二等分，每一个等分区代表一年和一个时辰。一个时辰相当于两个小时，地球一昼夜共十二个时辰，二十四小时。十二等分区分别命名为子、丑、寅、卯、辰、巳、午、未、申、酉、戌、亥，称十二地支。神话传说，天上有十个太阳，古人用十日为一个循环记日方式。十日分别命名为甲、乙、丙、丁、戊、己、庚、辛、壬、癸，称十天干。二十八宿分布在十二个等分区内。

至此，古人已把上天分成三大区十二个时段的时空坐标系，接着与地理位置对应（行政区划和诸侯国，叫分野），便于以日、月和金、木、水、火、土五星所在位置判断人间何时何地将发生的事。这标志天、地、人相互作用的体系形成，天人感应、天人合一观念开始发挥作用。这种文化内容潜移默化转为民间风俗，成为中国文化最基本的部分，根深蒂固，陈陈相因。因而，解读中国传统文化必须认真弄清这些原始内容。

天、地位置和时空关系表

二十八宿	角、亢	氐、房、心	尾、箕	斗、牛	女、虚、危	室、壁	奎、娄	胃、昴、毕	觜、参	井、鬼	柳、星、张	冀、轸
十二辰	辰	卯	寅	丑	子	亥	戌	酉	申	未	午	巳
二十八宿	角、氐、亢	房、心	尾、箕	斗、牛、女	虚、危	室、壁	奎、娄、胃	昴、毕	觜、参	井、鬼	柳、星、张	冀、轸
分野	郑	宋	燕	吴越	齐	卫	鲁	赵	魏	秦	周	楚
分野	兖州	豫州	幽州	扬州	青州	并州	徐州	冀州	益州	雍州	三河	荆州

　　农业与天象关系的探索揭示出某些规律，指导和促进了农业发展。这种成功引发了天象与各种事件之间的广泛联系，大到王朝兴衰、帝王问事，小到闾巷百姓出行买卖等等，当然包括建造房屋。这些无不通过象征性的联系预卜吉凶。《周礼·春官宗伯》写道："掌天星以志星辰日月之变动，观天下之迁，辨其吉凶。以星土辨九州之地，所封之域，皆有分星，以观妖祥。"这段话表明，占星术在周朝已大行其道。

　　天、地、人关系的象征性，使星象涵义变得非常复杂，占星术终于成为一项专门职业，由占星家解释星象的象征义，预测未来。人们相信占星术的原因可以有以下四个方面：第一，天、地、人对应关系中某些现象很有规律，可预测性强。如天象与农业生产中的季节关系，年复一年，春华秋实，与天区位置变化完全吻合，从不出差错。第二，从概率角度看，预测成功总会占有一定比例。占星问卜在颛顼时代前已经是一项很普遍的活动，长时间内出现一定次数的成功预测是必然结果。书籍反复记载成功例子，造成人们对占星术的错觉。如《左传》中记载一则占星术成功例子：昭公三十二年，吴国攻打越国，占星家史墨预言道：不出四十年，越国就会反过来灭掉吴国，因为岁星正运行在越国上空。三十六年后，越果然灭吴，应验了史墨的预言。此例曾无数次被转载引用，很容易使人相信占星术。第三，经验总结。有些特异天象出现时，总伴随某些吉凶福祸事件发生，这些经验载入历史记录，被方士利用，容易获得成功。由于某些经验总结被重复证明是正确的，人们乐意接受。第四，天命观。以上三者使人相信天主宰一切，包括人的命运，导致古人天命观的形成。天命观反过来进一步推动对占星术迷信的发展。

《左传》、《国语》、《尚书·洪范》等书中的五行说，是中国古代思想家企图用日常生活中常见的木、火、土、金、水五种物质说明世界万物起源及相互关系。五行说认为：五种物质既相互融合促进又相互克制排斥。相互融合促进时，表现为木生火、火生土、土生金、金生水、水生木。相互克制排斥时，表现为水克火、火克金、金克木、木克土、土克水。五种物质之间的相生相克关系反映了世界本质，依此可以解释万事万物。

五行说引起古人对世界看法的调整，人们运用五行说重新把星空分成东、南、西、北、中五大区，用二十八宿构成的四象拱卫北极星附近的星群。[1]再配以颜色，东官叫青龙，南官叫朱雀，西官叫白虎，北官叫玄武，中官配黄色居中。五行相生相克原理对古代文化发展具有奠基石的作用，许多传统文化内容都是从五行说衍生而成的。

五种颜色不是随意为之，而是有着极其深厚的文化象征义，它对生活习俗发生重大影响，建筑更不例外。

红色，象征生命力。考古发现，七千年前的尼安德特人用红褐色装饰尸体；旧石器时代的克罗马努人用红色涂抹尸体和墓室。远古人认为，血液是生命的源泉，血液的红色象征生命力。尸体和墓室涂抹红色表示希望死者复生和生命延续。我国殷商墓葬中同样发现用红颜色文身和涂抹墓葬品的现象。中国商朝定都"殷"也与红色象征有关，"殷"字具有红色含义，血流出时间长久，血色就变成红黑色，红黑色就是"殷"。商朝盘庚之前，都城屡迁不定，最后从山东曲阜的"奄"迁到河南安阳的"殷"，就是认为"殷"字蕴含着生命力，可以选作都城之址，使商王朝绵延长存。商都迁殷后再也没有搬迁过。商朝巫师卜问时，还把卜问者的血液涂在甲骨上，然后埋入土中以召唤祖先灵魂的保佑。

周代崇拜炎帝和祝融，崇尚红色。远古中国人崇拜太阳和火神，传说炎帝为南方天帝，祝融为帝喾时的火官，被周代人当作太阳和火神崇拜。每逢夏季，天子亲率三公九卿大夫，披服红色，往南部举行迎夏仪式，这种习俗一直到汉代仍被保留。

---

[1]《史记·天官书》。

红色辟邪。民间早就有用牲畜血驱除邪魔的做法。行人外出携带桃枝，头戴红巾以避邪。

周代宫殿主红色，甚至军队兵服也用红色，上述三重象征涵义是其原因。

黑色，周代诸侯房屋的柱子为黑色，仅次于皇宫的红色，位列第二等。黑色在先秦贵为第二等与古代崇拜有关。其一，中国远古的鸟图腾民族把自己的祖先看作玄鸟，崇拜黑色的燕子。契是殷商部族始祖，据传是他母亲吞食一只黑鸟衔来的五色卵后怀孕而生，玄鸟即为部族奉为祖先神，这是崇拜黑色的最早开始。其二，"夏后氏尚黑"。夏后氏是部落名称，禹是首领，后来夏后氏建立第一个奴隶制国家夏朝。因第一任君主夏启的母亲是崇拜黑蛇的涂山氏的后代，带动全国对黑色的崇拜。[1] 其三，崇拜北方之帝颛顼。古代宇宙观认为：北极白天看不见，只有在黑夜才显露出来，所以把北方之帝颛顼所住的北极叫做玄宫，黑色因此成为天帝的色彩具有神圣意义。其四，神话说昼夜交替是由太阳鸟白天载着太阳从东到西，然后由乌龟每天夜晚再背负着太阳从西到东渡过地下黑暗的世界，黑色的乌龟（玄武）被视作北方神。其五，传说夏祖先契的六世孙叫"玄冥"，当水官时以身殉职，死后被祀为水神。"玄冥"有黑色意思。黑色在秦代取代红色，位列第一等。

根据五行说秦朝为水德，水的对应颜色是黑色，故崇尚黑色，据《史记》记载，秦朝百姓以黑色为首选颜色，以致兵服旗帜一律黑色。黑色在中国文化中还具有死亡冥府鬼魂一类的象征涵义，但在建筑中这类不吉利的象征涵义完全被抛弃。

青色，周代大夫房屋柱子的规定颜色，在先秦位列第三等。青色也带有神圣的涵义。古代祭祀的天帝共有五位，居住在东方的是"苍帝"，"苍"即"青"。还有一种流传很早的神鸟叫青鸟，侍奉在西王母左右，据说青鸟能救人性命，使人死而复活，是生命神灵的象征。赋予青色以象征意义还有一则传说：先帝大嗥手下有一神叫句芒，是主木之官，他手里拿圆规，掌管春天，带来青色，青色象征春天和生命。

黄色，在先秦位列第四等，周代士的房屋柱子为黄色。传说居住在中央的是

---

[1] 陈久金：《华夏族群的图腾崇拜与四象概念的形成》，《自然科学史研究》1992 年第 11 卷第 1 期。

黄帝，"黄"本义为"光"，黄帝就是太阳光明的意思。古人蜡祭时穿黄衣，古代大夫的外衣"狐裘黄衣以褐之"。[1] 五行说流行后，中方配以黄色，自此黄色象征统领四方的中心，黄色代替红色位居第一等。汉初奉行黄老无为思想，宫廷流行传说中黄帝所穿戴的黄衣服和黄帽子。唐朝黄色成为帝王专用色，宋《野客丛书》写道："唐高祖武德初，用隋制，天子常服黄袍，遂续士庶不得跟，而服黄有禁自此始。"唐天子的服装是黄袍，居所的是黄宫，权杖是黄钺，车盖是黄屋，文告是黄榜，连宫廷的酒封也用黄颜色的布。此后，中国建筑的柱子颜色等级排列与先秦时期有所不同，先秦是红色＞黑色＞青色＞黄色，汉以后是黄色＞红色＞黑色。

颜色用于屋顶，等级象征要复杂些。皇宫用黄色琉璃瓦作顶始于宋代。明清规定，只有宫殿、陵墓及奉旨兴建的坛庙才可用黄色玻璃瓦顶，擅用者处极刑。孔庙、关帝庙是例外，二者都受过帝王敕封。绿色玻璃瓦顶在故宫中是第二等级，为太子居住的房屋所用。蓝色，天坛采用，蓝色琉璃瓦象征天空，便于天子祭天时与天交流，等级高于黑色。黑色，五行中象征水，藏书楼不能失火，故宫文渊阁及寺观藏经楼顶都用黑色，寓意"水压火"。黑色作屋顶，等级最低，民居普遍采用。

白色，西方之色，西方的对应物质是金属，对应季节是秋季，秋季为收获季节，用金属工具割取收获物时发出白光。又认为太白金星位于西方，传说太白神坐骑为白虎。白色有不吉之意，传说黄昏时出现在西方天空的太白星主杀伐，所以，白色又象征杀伐，被看作与死亡相联系的凶丧之色，办丧事家人要穿戴白色衣帽和鞋。白色有贬斥之意，如白色恐怖、白旗，戏曲中唱反面人物的白脸等等。帝王贵族都回避白色，建筑中只有庶民的房屋以白色涂墙。

有方位性的二十八宿必须有象征义，才能体现五行之间的相生相克作用，并说明二十八宿星象变化将要给对应人间的时间、地点、事件带来什么影响。《唐开元占经》载有二十八宿象征义，表明天上星群的些微变化对人间生活都有具体的指导意义。[2]

---

[1]《礼记·玉藻》。
[2] 俞晓群：《术数探秘》，生活·读书·新知三联书店1994年版，第71—72页。

二十八宿象征义对照表

东方七宿	对 应	象 征	意 义
角	龙角	天门	战争、王道
亢	龙须	庙宇	疾病、政令
氐	龙胸	行宫	疫情、徭役
房	龙腹	明堂	民情
心	龙心	帝王	君王
尾	龙尾	后宫	雨水、大臣、王后
箕	龙粪	国库	风、外邦、五谷
南方七宿	对 应	象 征	意 义
井	鸟首	天池	内政
鬼	鸟目	天庙	死丧、神示
柳	鸟嘴	天府	祭祀、草木
星	鸟颈	天库	服装、兵事
张	鸟嗉	天厨	酒食、后代
翼	鸟翼	天乐府	远客、乐律
轸	鸟尾	天员府	生死、车事
西方七宿	对 应	象 征	意 义
奎	虎尾	武库	兵事
娄	虎身	宗庙	聚众、郊祀
胃	虎身	粮仓	收藏
昴	虎身	牢狱	刑事
毕	虎身	边境	外邦
觜	虎头	宝货	军需
参	虎前肢	天市	斩罚
北方七宿	对 应	象 征	意 义
斗	蛇身	天关	天子寿命
牛	蛇身	天鼓	牺牲、牛
女	龟、蛇身	天女	婚嫁
虚	龟身	庙堂	丧事、哭泣
危	龟身	庙堂	盖房
室	龟身	天宫	动土
壁	龟身	天梁	动土

以五行说为核心的对应内容随着人类生活内容丰富而不断扩大，最终把天上的日月星辰、地上的山水物种、人类的身体结构及季节、月份、星期、天、时辰等时间概念全部网罗进对应有序的系统中，从而形成一个人与宇宙密不可分、息息相关、因果相联的共生系统，各种因素互为表里，相互感应。[1]

五行图式表

五行	木	火	土	金	水
八卦	震巽	离	坤	兑乾	坎
	（东）（东南）	（南）	（西南、东北）	（西）（西北）	（北）
方位	东	南	中	西	北
数	三八	二七	五十	四九	一六
季	春	夏	长夏	秋	冬
气	风	暑	湿	燥	寒
时	平旦	日中	日西	日入	夜半
干	甲乙	丙丁	戊己	庚辛	壬癸
支	寅卯辰	己午未	辰戌丑未	申酉戌	亥子丑
卦	震巽	离	坤艮	兑乾	坎
宫	青龙	朱雀	拱极	白虎	玄武
星	岁星	荧惑	填星	太白	辰星
岳	泰山	衡山	嵩山	华山	恒山
庶征	雨	奥	风	炀	寒
应	生	长	化	收	藏
谷	麦	菽	稷	麻	黍
畜	鸡	羊	牛	马	猪
虫	鳞	羽	倮	毛	介
音	角	徵	宫	商	羽
色	青	赤	黄	白	黑
臭	膻	焦	香	腥	朽
味	酸	苦	甘	辛	咸
官	目	舌	口	鼻	耳

---

[1] 金良年主编：《中国神秘文化百科知识》，上海文化出版社1994年版，第30—32页。

五行	木	火	土	金	水
脏	肝	心	脾	肺	肾
腑	胆	小肠	胃	大肠	膀胱
脉	弦	洪	濡	浮	沉
体	筋	脉	肉	皮毛	骨
事	貌	视	心（思）	言	听
志	怒	喜	忧	悲	恐
常	仁	义	礼	智	信
帝	太皥	炎帝	黄帝	少皥	颛顼
神	句芒	祝融	后土	蓐收	玄冥

　　建立天、地、人共生的文化系统，说到底是为人服务，其中占主导地位的是人的生命意义。人对自己始终表现出极大的终极关怀和现实关怀热情，这是人与生俱来的本能。在本能主导下，人类追求安全、健康、长寿、富足和子嗣昌盛。在对生命的观察和思考中，天、地、人系统中的文化类比进一步加强，即加强天、地各种文化因素为人的生命关怀服务，人类愈来愈多地祈求神秘力量保佑国家、家庭和个人。祈求内容的增多，方法和理论随之庞杂，形成专门学问，叫"术数"。

　　术数是中国文化体系中最令人迷惑的部分，充满了神秘和迷信。所谓术就是方法、技术。数，是指宇宙及人事生灭规则。术数通过一套方法和自然现象推测人和国家的命运。术数形成有两个阶段，第一阶段时占卜术尚未形成系统，只是简单解读龟象、天象、地象和人象。周易、阴阳五行、八卦理论形成后，数字加大参与并固定角色，术数进入量化定型阶段。《汉书·艺文志》把术数图书分为六种：天文、历谱、五行、蓍龟、杂占、形法，记载书籍190家，2520卷。清《四库全书》将天文历法分离出去，这时术数包括数学、占候、相宅相墓、占卜、命书、相阴阳五行、杂技书七类，成为专门以阴阳五行八卦推测人事变化的方术依据。

　　就是古人对周围世界的观察中，联想、类比、附会等象征思维方式使人类文化世界充满了象征性，象征思维对建筑的体量、方位、尺寸、颜色、布局、装修产生直接而深刻的影响。传统文化中的迷信成分和某些晦涩的象征则加重了中国传统建筑的神秘性。今天，我们解读建筑园林文化象征时，都是通过上述文化内容进行的。

第一章　江南地域范围与环境

江南地域范围与环境是一个动态的变化过程，且变化很大，特别是关于江南地域范围的争议也多，所以在讲江南建筑与园林文化之前必先对此有所梳理。江南的环境由于气候剧烈变化而改天换地，继而导致江南文化发生质的变化，显示出地理环境的决定作用，几可说明气候创造历史的命题，所以江南环境也是了解江南建筑与园林文化前必须知道的内容。

一、江南地域范围

江南包括哪些地方，向来颇有争议，由于江南地域范围的界定往往与历代行政区划混淆在一起，造成极大的混乱。从江南文化看，江南必定不是穷山恶水，否则产生不了数量庞大精美绝伦的文化产品。笔者同意李伯重关于江南界定的意见："明清时期的苏州、松江、常州、镇江、江宁、杭州、嘉兴、湖州八府及后来由苏州府划出的太仓直隶州八府一州之地"。[1] 即北至江苏境内长江南部；西至南京；东至上海；南至浙江，属太湖流域和钱塘江水系，也是今天讲的狭义上的长三角苏浙沪。区域文化圈之间的边缘不会是光滑的线段，相互之间有很多交叉，形成彼此渗透和影响，我们把苏浙沪叫作江南文化核心区，把受影响的近邻

---

[1] 李伯重：《简论"江南地区"的界定》，《中国社会经济史研究》1991 年第 1 期，第 100—107 页。

叫作江南艺术辐射区，比如安徽即属江南辐射区。

考古证明，江南文化与境内史前文化一脉相承，绵延不绝。因而江南不是一个历史概念名词，更不应该以历史行政区划代替，江南是由一脉相承的历史文化构成的文化区域。如此界定江南的理由还有：

从天文地理联系讲，江南山水相连，同属一个区域。《吴越春秋·夫差内传》记载：吴越"同音共律，上合星宿，下共一理"。古代中国把天下分为九州，吴越地域相连，同属九州的扬州，对应天上的星宿为北方七宿的斗、牛、女三颗星。

江南境内拥有江河湖海，东有海口，长江串联宁沪沿线城市，太湖发源于浙江天目山，天目山最高峰龙王山海拔 1587 米，山地丘陵与江苏宜兴溧阳低山丘陵、茅山低山丘陵相连，太湖水系和钱塘江水系勾连相通。同一片天同一块地同一片水把江南连成一个整体。

从社会学讲，明清时期风俗区划可分为直鲁、松辽、晋绥、豫襄、秦陇、川滇黔桂、两粤、客赣、闽潮、苏浙、徐淮、荆江、湖湘等区，[1] 江南即独立的苏浙风俗区。

从语言系统看，吴越两地长期相互影响，形成共有的吴语方言，特征是音节短促，音变丰富和音频升高。江南苏浙沪三地，其中除南京和镇江地接徐淮，语言与北方语言相近外，其他都属吴方言，与所谓"普通话"没关系，且苏浙沪方言之间差别不大，没有任何交流障碍。

江南的戏剧同出一辙，昆剧、越剧、沪剧、锡剧等虽分别出自苏浙沪，但音律相仿，在江南境内流行。江南人有同样的山水物产和生活方式，因而有共同的文化审美观。

二、江南环境

富庶优美的地理环境

江南是中国最为富庶的区域，山温水软，景色秀丽，非常适合人居，赢得无

---

[1] 张步天：《中国历史文化地理》，湖南教育出版社 1993 年版。

数文人的向往和吟咏，在吟咏江南的众多作品中，元人虞集的《风入松》对江南的概括相当恰切，他写道："御沟冰泮水挼蓝，飞燕又呢喃，重重帘幕寒犹在，凭谁寄、锦字泥缄。报道先生归也，杏花春雨江南。"后来徐悲鸿续上一句，构成一对联：

白马秋风塞上，
杏花春雨江南。

北方"白马秋风塞上"的高远粗犷意境把江南映衬得柔美无比，因而江南不能不是一个孕生文化艺术的地方。

风景优美的江南田野

作为与古希腊和古罗马一样的文化艺术之乡，江南具有孕育艺术的一切优良条件：

自然条件——江南丘陵与水网密集结合，土壤肥沃，气候温和，水量充沛，农业发达，长江三角洲水系与漕运促进商业发展，优越的自然环境为孕育艺术提供前提条件。

景观条件——江南季节分明，一年四季景色不同。植被完好，姹紫嫣红，山水相间，景观秀美，成为孕育和催生艺术的必要条件。

经济条件——苏湖熟，天下足，江南又是明清资本主义生产方式萌芽地，丰衣足食为艺术成长提供经济保障。

人文条件——江南是科举中榜率最高的地区，适宜人居的环境吸引文人聚居，历史上向来人文荟萃，具备孕育艺术家的文化环境条件。

文化传承——吴越文化源远流长，发育充分，艺术发展一脉相承。

璀璨的史前文明

江南史前文明原本追溯到距今7000年左右的马家浜文化和河姆渡文化，此后在浙江境内发掘的上山文化和苏州境内发掘的三山文化，把时间推前了3000年至4000年，江南艺术渊源之久远可以窥见。

上山文化　遗址位于浙江浦江县黄宅镇渠南村与三友村之间，2001年、2004年、2005年，经国家文物局批准，浙江省文物考古研究所、浦江县博物馆联合对上山遗址进行了三次考古发掘，测出出土器物的遗存年代约距今9000—11000年。

2005年3月至8月，浙江省文物考古部门在嵊州市甘霖镇上杜山村小黄山，又发掘了一处距今约9000年的新石器时代遗址，令人注目的是在第六文化层出土了距今9000多年的石雕人首。该石雕高7.6厘米，玄武岩质砾石，运用钻、刻、掏、挖等工艺成形，格外形象传神。考古学家认为这是我国境内考古发现中最早的石雕人首，具有很重要的艺术研究价值。

三山遗址　遗址位于苏州吴县太湖中的三山岛，文化层的地质年代距今约10000年，属旧石器时代晚期，发掘石制品5263件，其中刮削器数量最多。三山文化是江苏境内最早的文化遗存，也是吴地的文化渊源。

跨湖桥文化　早于河姆渡文化的还有跨湖桥遗址。它位于杭州市萧山区城厢镇湘湖村跨湖桥西南约700米左右处，该遗址首次发现于1970年。1990年5月31日，跨湖桥遗址再次被发现，正式确认为新石器时代遗址，年代距今7000—8000年。2001年4月，跨湖桥遗址被评为当年全国考古十大发现之一，因为在第九文化层发现世界上最古老的独木舟，它对于研究人类早期的水上交通具有重要意义。

马家浜文化　距今6000—7000年，中国长江下游地区的新石器文化，因浙江嘉兴马家浜遗址而得名。主要分布在环太湖地区，南至钱塘江，西抵茅山，北边可达长江北岸一带。

河姆渡文化　大约距今5000—7000年，是分布于中国浙江杭州湾南岸平原地区至舟山群岛的新石器时代文化，因以浙江余姚河姆渡村遗址发掘最早，故称作河姆渡文化。

江南艺术的一抹曙光（河姆渡太阳文象牙蝶形器）

草鞋山遗址　大约距今6000年，草鞋山位于苏州吴县唯亭镇东北、阳澄湖南岸，于1972年发掘。文化堆积可分为10个地层，体现良渚、崧泽、马家浜等文化依次叠压的地层关系。出土玉琮、玉璧、镂孔壶、兽形器等器物1100多件，还发现了6000年前的木构建筑遗迹、炭化稻谷、炭化编织品。1992—1995年，中日两国专家合作开展草鞋山古稻田研究，发现了6000年前马家浜文化时期的灌溉系统的古稻田，证明太湖流域是稻作文明的发源地之一。

崧泽文化　距今约5800—4900年，属新石器时期母系社会向父系社会过渡阶段，因首次在上海市青浦区崧泽村发现而得名。崧泽文化上承马家浜文化，下接良渚文化，是长江下游太湖流域的重要文化阶段。青浦区发现崧泽文化遗址4处，出土各类文物800余件。

良渚文化　距今约4150—5250年，是我国长江下游太湖流域一支重要的古文明，属铜石并用时代文化，因发现于浙江余杭良渚镇而得名。1936年被发现，经半个多世纪的考古调查和发掘，初步查明遗址分布于太湖地区。

马桥文化　距今约3300年，马桥遗址在上海西南的闵行区（包括原上海县，撤县后与原闵行区合并）马桥镇以东2公里，遗址发现于1959年，20世纪60年代进行过两次发掘。

除上文列举之外，还有南京、镇江一带的北阴阳营文化、湖熟文化等史前文明，在此不一一列举，为了便于读者了解，将江南主要的史前文明列表于下：

江南主要史前文明一览表

名　称	距今年代	遗址发现及分布
上山文化	9000—11000 年	浙江浦江县
三山遗址	10000 年	苏州吴县三山岛
跨湖桥文化	7000—8000 年	浙江萧山
马家浜文化	6000—7000 年	首次在浙江嘉兴发现、主要分布于太湖、钱塘江流域
河姆渡文化	5000—7000 年	浙江余姚发现
草鞋山遗址	6000 年	苏州唯亭
崧泽文化	4900—5800 年	首次在上海青浦发现，主要分布于太湖流域
良渚文化	4150—5250 年	首次在浙江余杭发现，主要分布于太湖流域
马桥文化	3300 年	首次在上海闵行发现

从以上文化内容看，具有明显相通之处，说明江南自古以来就是一个文化圈，属同质文化板块，具有区域文化特征。丰富的史前文明是催生江南文化的沃土。

独特的江南文化精神

江南受地理环境和历史演变影响，由"南蛮"变为"俏江南"，文人云集，与北方文化有着明显差异，具有独特的典雅风骨，其文化精神概括起来有以下几个方面：

风雅精致　江南艺术之所以精致有其地理原因，江南属丘陵地带，山体不大，海拔不高，水系发达，形成山水相间、植被丰富、树木葱茏的自然景观，山回水转，鸟语花香，精致秀美。生于斯长于斯的人养成精致的审美眼光，江南人创造的艺术就不能不是精致的艺术。

风雅则由文化人造就。从史书记载的仕人、博士和私家教授分布看，西汉人才分布最密集的地区为齐鲁梁宋地区、关中地区、成都平原地区、东南地区，东汉后人才分布重心出现向东迁移的趋势。如果从艺术家籍贯来看，唐代前期北方占 80%，南方占 20%，唐代后期则北方占 71%，而南方占 29%，反映出唐后期中国政治经济文化中心明显开始南移。江南风景秀丽，在江南为官、游历居留、辞官隐居、仕终返乡的历代著名文人多如繁星，他们的儒雅与学识濡养了江南文化，濡养了江南艺术的风雅精神。

江南富庶之乡温饱不愁，艺术作品社会需求旺盛，艺术家和工匠可以笃笃定定一针一线地把江南灵气绣进作品，一笔一画把胸臆融进书画，一锤一刀把愿望寄寓到雕刻之中，一经一纬把江南物象织进锦缎，一曲一语把复杂心曲编进戏剧曲艺慢慢叙说，一石一池把宇宙天地江南精神统统装进园林。

所以，江南艺术品中的刺绣、绘画、雕刻、丝织、昆曲、园林、扇子、家具等无不风雅精致之至，因为儒雅之人面对纤细柔美的大自然，作品就不能不淡如烟云般风雅，不能不细致入微般精致。

本真自然 本真自然是道家和本土宗教道教一脉相承的主张，是前道教文化关于人与宇宙关系的结论，强调返璞归真。大概没有什么文化形式能像本土宗教那样更有影响力，本真自然深深地潜入每个中国人的心中，深入骨髓，深入血液。

丰衣足食的江南大多数时候远离国家政治中心，加上交通和通讯不发达，所以皇权政治束缚的影响相对要弱，这客观上有利于江南艺术的自由发展，作品较少官家命题之作，没有装腔作势的虚伪，散发出本真自然的气息。

绘画、造园都强调"师法自然"，苏州唐代画家张璪主张"外师造化内得心源"，苏州造园做到"虽为人作，宛如天开"。还有许多艺术家信奉佛道，信奉佛教的"直心是道"，信奉道教的"道法自然"，本真自然渗透在艺术家的精神之中。

苏州人张旭是唐代的酒中豪杰，曾与李白、贺知章、李适之、李进、崔宗之、苏晋、焦遂一起被杜甫称为酒中八仙。张旭生性放逸纵酒，《新唐书》记载，张旭"嗜酒，每大醉，呼叫狂走，乃下笔，或以头濡墨而书，既醒，自视以为神"。杜甫在《饮中八仙歌》对张旭有极生动的描写："张旭三杯草圣传，脱帽露顶王公前，挥毫落纸如云烟。"李颀在《赠张旭》说："张公性嗜酒，豁达无所营。皓首穷草隶，时称太湖精。露顶据胡床，长叫三五卢。兴来洒素壁，挥笔如流星。"高适在《醉后赠张旭》里说："兴来书自圣，醉后语尤颠。"就是这种醉酒冲垮了胸中块垒，本真自然才无阻无碍喷涌而出，艺术真精神跃然纸上。

深谙佛道的留园园主不仅把东园奉赠给佛教，还在留园静中观、闻木樨香轩用布置启发游园者"直心是道"的佛性，布置濠濮亭、又一村宣传道教飘逸出世、弃官隐居的德行。

清高出世　富足的江南物质生活维护了艺术家的尊严，他们没有必要为五斗米折腰，所以许多艺术家不涉官场也不屑与官家来往，更不媚官家，保持江南文人独立人格的风度。这种精神对于保持江南艺术风骨、远离杂芜浑浊是至关重要的。

文徵明特别讨厌有钱有势的人，"富贵人不易得片楮，尤不肯与王府及中人"。权势熏天的严嵩，到苏州有意访见他，遭到断然拒绝，他回到北京后无奈地对工部尚书顾答说，此衡山之所为衡山也。文徵明89岁时，苏州知府请他为严嵩八十寿诞作诗画，文徵明仍然辞谢不应。文徵明视财物如粪土，一次藩王送文徵明宝玩欲结交，使者说："藩王无所求于先生，请看一看信就知道了。"文徵明回答道："王有赏赐，看信后再推辞，是不恭敬的。"连信也不看，将宝玩原封不动地退还。

宋亡后隐居苏州寺庙、终生不仕的郑思肖痛心宋的灭亡，对在元朝廷中做官的宋人尤为痛恨，视这类人没有节气。湖州大书法家赵子昂曾多次前来拜访他，但他看不起赵子昂去做元朝的官，就是避而不见，赵子昂只好叹息而去。

家住常熟子游巷的黄公望，60岁后和大画家倪瓒一起加入道教，受到大师金月岩的指导，66岁时与张三丰等道友交往，在苏州天德桥开设三教堂传道。为倪瓒的《六君子图》题写一首诗曰：

> 远望云山隔秋水，近看古木拥陂陁。
> 居然相对六君子，正直特立无偏颇。

这首七绝寄寓着他的人生态度，他勉励自己要和松、柏、楠、槐、榆、樟六种乔木如同"六君子"那样正直地兀立。

兼容并包　江南地处长江三角洲，太湖三万六千顷，太湖平原连接苏浙沪的上海、杭州、湖州、嘉兴、苏州、无锡、常州等城市地区，太湖是把江南合拢在一起的纽带，无锡鼋头渚摩崖镌刻的"包孕吴越"，象征着江南具有的地理包容性。

历史上早期文明使江南一开始就有兼容并包的文化传统。距今约3100年前，从黄河流域而来的泰伯在江南建立的勾吴国，是中原周文化与江南土著文化整合的产物，越国更是由大禹后代建立，象征古越文化与中原文化合为一体。魏晋之后南北大交融，进一步体现江南兼容并包的秉性。近代不平等条约开放的通商口岸有上海、宁波、苏州等地，最早受到外来文化冲击，抗拒与自觉之间，逐步接受西方文化有用部分。现代化进程中的经济地位和国际大都市散发出前所未有的吸引力，世界各地各式人等居留江南，更使江南成为中国最具有兼容并包精神的区域。

兼容并包的精神使江南具有开放、谦虚和接纳外来文化的气度，汲取有益养分，改进自己的艺术创造。东晋、南朝、明初、民国在南京建都，所以南京一带吸收了北方艺术养分，与江南其他地方相比，更多一些北派大气。南宋以杭州为都城存在 152 年（1127—1279），为杭州留下的些许弱势王朝的脂粉气，无声无息地潜入杭州人的审美和艺术之中。

以园林为例，扬州是经营外贸的商业城市之一，商业上的往来使西方的建筑手法被吸收到私家园林的建设中。《扬州画舫录》卷十二载绿扬湾的怡性堂"左靠山仿效西洋人制法，前设栏楯"，即模仿意大利山地别墅园的逐层平台及大台阶的做法。扬州寄啸山庄于清光绪九年建，由于园主出任过清政府驻法国公使，因此在建园时借鉴了西方建筑特色，该园在江南私家园林中别具一格。无锡"钦赐第"花园光绪二十年（1894）建成，园主为我国近代早期著名的进步外交家薛福

苏州拙政园西部三十六鸳鸯馆采用西方彩色玻璃，
体现江南开放经济哺育下的兼容并包精神

成，花园住宅规模很大，占地 8900 多平方米，东、西、中三路轴线布局，房屋一百余间，中轴线布局已经体现了西方的造园思想。连苏州经典的拙政园三十六鸳鸯馆、留园活泼泼地和狮子林小方厅、暗香疏影楼也没有拒绝西方文化，布置均采用彩色烧花玻璃，给人轻松愉悦的感受。

内敛含蓄　内敛含蓄看似是一个性格问题，其实也有地理环境因素的影响作用。江南气候湿润，温暖多雨，细雨绵绵无期的季节造就了江南人耐心温和的性格，他们在评弹、戏剧缓慢的说唱中消磨时光。江南人遇事忍让，少斗殴，自制内敛的忍让精神转化成寓意含蓄的艺术作品。

泰伯让位出走江南，吴地一开始就受到退让精神的熏陶。卧薪尝胆故事反映了越国集体英雄主义及其忍让精神，隐忍成事成为浙江精神。宋亡对郑思肖打击很大，他把自己内心所受到的痛苦、激愤、哀愁、幽怨、期待和煎熬写成《心史》。20 世纪初，梁启超在《重印郑所南心史序》中说："启超读古人诗文辞多矣，未尝有振荡余心若此书之甚者。"

郑思肖喜画露根的兰花，暗喻无国土可着之意。人问之，曰："土为番人夺，忍着耶。"郑思肖的题画诗体现出文人的气节：

《墨兰》

钟得至清气，精神欲照人。

抱香怀古意，恋国忆前身。

空色微开晓，晴光淡弄春。

凄凉如怨望，今日有遗民。

《寒菊》

宁可枝头抱香死，何曾吹落北风中。

御寒不藉水为命，去国自同金铸心。

第二章　建筑的一般性

解释具有强烈个性的江南建筑园林文化，必先了解作为宗源的中国建筑文化，下文从建筑的发生与发展、建筑的发展及其路径、建筑的构成要素、建筑的影响要素等方面入手，讨论中国建筑的一般性问题。

一、建筑的构成

结构主义指出，结构由各自因素及其相关因素组成，结构决定体系存在的形式。如果我们仅分析建筑范畴的因素，就犯了盲人摸象的错误，因为建筑由人设计建造，必然包含人类文化和人类思维，建筑结构中包含了许多建筑学范畴外的因素，我们要正确认识建筑，必须把建筑结构中的文化因素和心理因素分解出来，分别进行深入分析，才能完整认识建筑。

对于建筑，现代人一般都把它看作建筑师的空间设计结果，只是空间的。其实不然，人类早期经历过一个巫术时代，那时建筑必定充满了各种奇怪的想法，所以，早期建筑尽管简单却是有文化的，各种观念无疑支配了建筑架构，从一开始文化就与建筑形影相伴，一直至今无法相离。

说到底，建筑是人的创造物，建筑构成必定与环境以及人的需求、思维、心理、观念、传承、信仰、审美、习俗等联系在一起，这决定了建筑是一个极其复杂的系统。如果我们认真追问"为什么会有建筑"，"建筑是如何产生的"，"建筑

人类穴居时代，已在洞穴岩壁上留下文化观念痕迹，说明建筑一开始就与人类文化观念相伴相生

为什么各不相同"，要回答这些问题绝非易事，我们必须梳理清楚它们之间的关系和找到其源头。本能是人类现有一切的万源之源，建筑包含那么多的相关要素，溯其源头也是人的本能，我们必须首先基于人的本能及需求的演变，从人类学视角对建筑进行研究，才能找到建筑发展的最直接原动力，回答"为什么会有建筑"的问题。其次，基于发生学视角对建筑发生的环境进行研究，了解建筑的开始，揭示建筑发展的因果关系，回答"建筑是如何产生的"的问题。再次，基于历史学、文化学、人类学视角，将建筑的发展演化与文化发展、历史变迁结合起来，研究建筑发展的文化原点，提供解释不同民族、国家、地区建筑的个性依据，回答"建筑为什么各不相同"的问题。

为了准确回答以上三个问题，下文首先讨论建筑是如何发生的及建筑发展的路径，接着讨论构成建筑的基本要素，唯有如此，建筑的本质才会清楚地展露在我们追问的视野中，便于我们梳理清建筑的要素及其关系，最终看清建筑的构成。

建筑的发生与发展

人类学会创造之前与其他动物一样，利用自然条件为生存服务，就栖身问题而言，钻山洞是必然选择，现成、方便又安全。只是山洞固定不动限制人的活动，迫使人类开始走上建筑之路。建筑的发展比建筑的发生要复杂，因为涉及作为建筑决定因素的环境物产和种族文化，全世界建筑分属于不同的环境和种族，建筑材料、样式、表达五花八门。科学改变人类建筑，水泥发明使建筑摆脱对所在环境建筑材料的依赖，钢筋混凝土建筑在世界各地横空出世，建筑材料和建筑技术革命使建筑走向大同世界。尽管如此，建筑仍然具有复杂的文化意味，因为建筑是具有文化记忆的人所建造的，建筑无法抹杀如影相随的文化。

建筑的发生 建筑是如何发生的？除了本能还有古天文学和思维心理，建筑是三个方面共同作用的结果。本能是人类一切的原点，人类本能有很多种，概括起来有三大方面：即安全、食物和性。英国威廉·麦独孤（William McDougall，1871—1938）、法国夏尔·傅立叶（Charles Fourier，1772—1837）等都有这方面的研究。本能研究揭示了人类行为的原因，确定了人类文化的源头，具有重要理论意义。本能说解释了建筑最初发生的原因，清楚回答了"为什么会有建筑"的问题。

同时，古天文学是人类文化发生的原点之一，也是建筑文化的原点。比如基于求吉避害原因，人类会考虑建筑动工的时间、位置、体量、装饰、风水等因素，研究表明，这些因素都源于古天文学。英国著名科学家李约瑟的"中国建筑宇宙图案化"论断说明中国建筑从天上来，这是"建筑是如何产生的"的最好答案。

思维心理个性体验是建筑意味的原点。可以推想，在本能引导下，人类一开始就出于安全、可居和尽可能的舒适来考虑选择洞穴。到人类离开洞穴自己动手建造建筑时，仍然以适合心理需求为原则，如建筑物的体量、色彩；空间的疏密、层次；布局的对称、均衡；装修符号寄托的愿望等。建筑意味因地理环境、物产、种族文化等因素不同而不同，个性鲜明，这是"建筑为什么各不相同"的答案。

建筑的发展及其路径

基于上述本能、古天文学、思维心理等原点，五彩缤纷的世界建筑发展形成。建筑发展过程中基本循着生存—应对、观念—体验两条路径前行。中国建筑发展路径是这样的：从本能需求出发，寻找或建造简陋的栖身之所用以遮风挡雨、避寒取暖，应对严酷的生存环境。由本能引导（生物沿物体边活动获得安全），在山脚建造城市和村庄，逐步总结出背山面水、坐北向南的安居建筑经验，由生存应对走向实用主义。同时，日益丰富的天文神话、巫术宗教、国家政治、哲学思想、心理思维不断影响建筑的色彩、尺寸、方向、体量、形制、布置、材料、风水、样式、装饰，最终，功能实用、文化观念和心理需求结合为建筑形式。由于文明之河于今而言已经漫长，其间观念与解释逐日丰富、更新变化、叠加或遗失，以致我们今天有时难以解释清楚传统建筑形式的真正涵义，遂使建筑具有神秘主义倾向。

关于建筑的发展及其路径关系请参看下图：

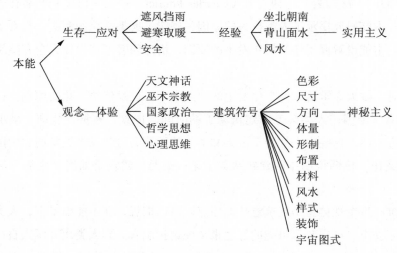

建筑发生发展路径图

二、建筑构成三要素

建筑绝非简单地由设计图纸、材料、空间组合完成，设计者在考虑建筑功能的同时，还自觉不自觉地在建筑中渗入文化观念、民族思维心理和生活习俗。虽然建筑实用功能是先期考虑的问题，但是早期的神话、宗教、古天文学衍生出的许多文化观念，还有动态变化的心理需求和审美需求不断影响建筑，所以，建筑除了功能要素还有第二项文化要素和第三项人的体验要素参与，三者前后联系，共同作用于建筑。通过解构建筑，可以发现建筑的"功能"、"文化"、"体验"三大要素涉及面十分广泛，以至于每一个要素其实都是一个复杂系统，这样，我们看到的任何一处建筑实际上都是由这三项复杂要素系统共同构建起来的更大的复杂系统，每一处建筑都是实用的，同时又包含文化观念和建筑意味。

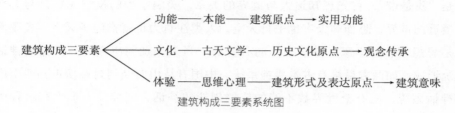

建筑构成三要素系统图

为了讲清这个复杂而庞大系统中的要素关系，下文对建筑三要素分别展开分析，找出构成各自系统的相关要素。

建筑功能

建筑功能由本能到实用，主要考虑安全、生存和居住三方面，建筑发展史留下如此轨迹：先民最初出于安全选择洞穴。走出洞穴后，出于安全本能，与我们看到动物紧贴依托其他物体行走、停留一样，依山脚建有围墙的住宅或有城墙的城市（背山面水风水格局和围墙就是洞穴原型再现），并建各种安全设施，如高台、塔楼、护城河和防火墙等。出于生存考虑，处于北半球的中国人很快建造冬暖夏凉、坐北向南的门窗及确定其尺寸和位置。同时出于居住舒适考虑，开始发展装饰。其关系见下图：

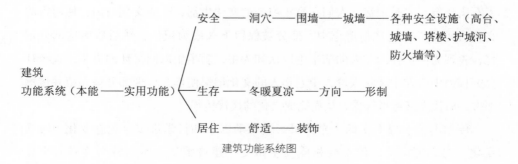

建筑功能系统图

建筑文化

建筑文化由古天文学到观念传承，主要包含"文化观念"、"文化记忆"和"社会变迁"三方面。为什么说人类文化源于古天文学？因为人类的第一个问题是"我是谁"，首先想知道人与世界的关系，美丽宁静的夜空无疑是与人类最接近的世界，恐怖的天灾也来自天空，人类注意力也就指向了天空，夜观天象是思想家、哲学家、科学家们的必修课。当人类疑问重重时，天庭的神话系统形成，如西方最早有古希腊神系统，中国有从山海经到封神榜再到西游记的神话系统，还有全世界数不清的族群创造的神话，创神是人类生存过程中精神生活的一个必然环节。当世界各地人类不约而同发现星象与农业之间的规律时，夜观天象发展为科学，西方人从欧几里得到哥白尼、伽利略、开普勒等，用几何学和数学解释宇宙，揭示规律。中国人从甘德到张衡，众多天文学者，停留在无理论但精细记录的层面，走向神秘主义的应用。从古天文学出发形成的哲学、周易、宗教、神话，又连锁反应地影响其他学科，古天文学就此成为中国文化观念的渊薮，也是影响中国文化的第一张多米诺骨牌。与建筑有直接关系的是为帝王君权神授服务的天人感应系统，使中国建筑"宇宙图案化"。

讲建筑文化时不得不讲到另一个重要概念，即文化记忆。心理学告诉我们，人会记忆和遗忘，两者都很重要。于建筑而言，为什么我们的传统建筑变化不大，砖木、形制、装饰依然，理由有二：一是合理。中华文明发源于树林繁盛的中原，河南简称豫，意思是大象出没的地方。砖木结构建筑是中原地理环境和物产决定的产物，是合理的逻辑结果，就像古希腊多山而少平原，结果古希腊产生了石头建筑。二是记忆。人们在童年习得的文化生活，养成文化习惯，使习得的文化合理化，在记忆与遗忘中，部分被保留下来成为记忆，然后珍惜这部分记忆，表现为回忆怀旧。人的前半生以认知为主，后半生以回忆怀旧为主，人类社会的权力中心在中老年人群，中老年人的文化记忆便作为合理部分被保留并传承下去，后代人又习得接受，从而完成文化的代代传承。

传承不是一成不变的完全拷贝，受变动因素如科学进步、观念变化、时尚变化、遗忘等影响，传承会相应发生嬗变。建筑嬗变总是与社会变迁、文化嬗变保持一致，或渐变或突变，表现出明显的时代特征，中国各个朝代的传统建筑既有共性又有个性就是这个道理，丹纳在《艺术哲学》中将艺术影响概括为"地理环境"、"种族"、"时代"，完全符合建筑动态的传承发展事实。中国社会近代以来受科学进步、生产方式改变和西方文化冲击影响，加上建筑材料水泥的发明引起一场建筑革命，实现一次突变，水泥森林取代了传统的砖木结构建筑。

其关系见下图：

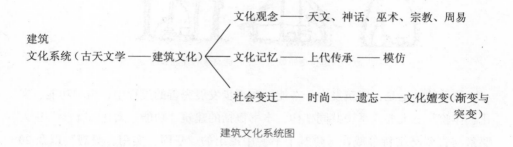

建筑
文化系统（古天文学——建筑文化）

文化观念 —— 天文、神话、巫术、宗教、周易

文化记忆 —— 上代传承 —— 模仿

社会变迁 —— 时尚 —— 遗忘 —— 文化嬗变（渐变与突变）

建筑文化系统图

建筑体验

建筑还会在条件允许的情况下，尽可能适合人居，符合人的生活习惯，这就是人的体验过程。构成建筑体验系统的主要要素有：空间关系，如建筑的体量、尺度、疏密、层次等；平面布局，如规整对称或自由式；装饰与符号意味，如色彩、材料、纹样、布置等象征义。只有满足这三方面的心理体验标准，建筑才算是可接受的，否则，入住者难免惶惶不可终日，顿起疾病。越来越多人认同心理统治人类世界的说法，中国风水之所以受欢迎，就是有强烈的心理暗示作用。其关系见下图：

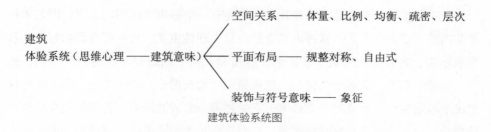

建筑
体验系统（思维心理——建筑意味）

空间关系 —— 体量、比例、均衡、疏密、层次

平面布局 —— 规整对称、自由式

装饰与符号意味 —— 象征

建筑体验系统图

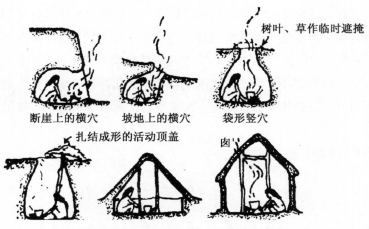

树叶、草作临时遮掩

断崖上的横穴　　坡地上的横穴　　袋形竖穴

扎结成形的活动顶盖　　囱

原始人选择住所就是一个心理满意的体验过程

最后的结论是：建筑发生于本能，在逐步发展完善的过程中，由"功能、文化、体验"三大要素系统共同架构，本书概括的建筑"功能、文化、体验"三大要素与古罗马维特鲁威在《建筑十书》中提出的"坚固、实用、美观"以及20世纪西方建筑的"形式、功能、意义"原则有许多相同之处，但更多地包含了建筑本质，特别是加入了人的体验内容。

三、艺术精神对建筑的影响

从本质上讲，建筑发展到今天，已经大大超出作为遮风挡雨居所的范畴，在人类文化浸润下，建筑深受艺术精神影响，从粗陋走向宏大、华丽和富有意味，成为人类艺术当之无愧的重要部分。因此，认识建筑的构成，还需认识人类艺术精神。

进一步推究，在泛艺术精神背后必定还有一个起决定作用的灵魂，即艺术精神的内核。西方人的艺术精神内核强烈凸显出理性主义，对外部世界的好奇心和探索精神，古希腊人对数字、比例、度量和几何学的研究养成对自然法则、秩序、和谐的尊重，推导出几何学、透视原理、均衡理论。海外贸易、海上航行催生民主政治制度，形成对独立自由追求的精神。二者共同影响艺术的结果是形式的均衡、内容的完美和精神的高尚。均衡造成艺术形式简洁、静穆与和谐，独立自由的精神追求造成崇高的艺术观。苏格拉底说，艺术美追求理想美、精神美和有用的或功能的美。苏格拉底讲的就是西方艺术的精神内核。

古希腊的艺术精神代表了西方古典主义的艺术精神，现代艺术表面上对古典主义进行颠覆，流派喷涌，但其本质仍是探索精神的延续，尽管无法解释的非理性主义现象对西方理性主义艺术精神刺激不小，但面对世界的未知部分依然不知疲倦地叩问，追求理想美、精神美和有用的或功能的美，这个艺术精神内核并没有改变。

中国艺术精神的追溯当在春秋战国时期。面对群雄战乱，百家争鸣各自拿出安邦治国方略，其中主要有两家思想对生发艺术精神起关键作用：一是儒家，二是道家。

儒家的安邦治国方略现实性和实用性强，核心是针对如何治国平天下，提出通过建立制度和实践孔孟主张达到管理国家的目的。社会管理是一个复杂系统，包括了方方面面因素，结果必然是各种利益和条件的妥协，因而儒家学说提倡"中庸"，结果充满了"技巧"。具体做法主要由三部分构成：一是恢复借用周礼——等级制，使天下恢复有等级序列的社会秩序达到有效管理的目的；二是以"大同世界"理想社会引起民众向往，吸引追随，达到控制民心的目的；三是劝君王施"仁政"对民众作出让步，让小利制天下，达到稳定统治的目的。儒家思想影响下的艺术因此具有明显为政治服务的实用主义色彩，艺术形式讲究技巧，有时甚至繁复。如建筑明堂代表国家意志教化民众，《北史·宇文恺列传》记载宇文恺绘制的明堂图，并说明设计涵义，选录如下：

> 明堂，上圆下方。圆法天，方法地。十二堂法日辰，九室法九州，八窗象八风；太室方六丈，法阴之变数；十二堂，法十二风；三十六户，法极阴之变数；七十二牖，法五行所得日数；八达（八阶）象八风，法八卦；通天台径九尺，法乾以九覆六；高八十一尺，法黄钟九九之数（黄钟，古乐十二律的第一律，声调最洪大响亮。《史记·律书》："黄钟者，阳气踵黄泉而出也。"黄钟管长九寸）；二十八柱，象二十八宿；堂四面五色，法四时五行；殿门去殿七十二步，法五行所行。殿垣方，在水内，法地阴也；水回周于外，象四海；水阔二十四丈，应二十四气。

明堂性质决定建筑形式。《白虎通义》说："天子立明堂者，所以通神灵，感天地，正四时，出教化，宗有德，重有道，显有能，褒有行者也。"所以明堂四面多建门窗，象征与四方神灵沟通；引用天数象征遵从宇宙法度，以此教化天下人遵守社会秩序，服从统治。明堂作用在于宣扬封建统治秩序，故其地位十分重要。明堂建筑象征对皇家建筑影响至深，比如天坛祈年殿就保留了明堂建筑的大量印记。

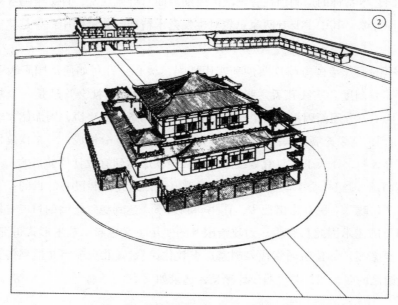

明堂建筑有明显为政治服务的实用主义色彩

儒家思想具有强调秩序、匡正社会的特征，使得艺术精神带有官家色彩，具有宣教责任的实用艺术。儒家在社会管理设计中，特别是制度的制衡与社会的理想中找到了均衡、和谐与美。

因儒家的艺术精神中富有技巧性，故灵动不足而拘谨有余。儒家艺术精神崇尚的美是为国家和理想献身的道德之美，为社会和谐作出让步、奉献、牺牲的德行所构成的美。但是，儒家说到底是"治世"的规则，以"必须"制约人，康定斯基说："如果艺术家的情感力量能冲破'怎样表现'并使他的感觉自由驰骋，那么艺术就会开始觉醒，它将不难发现它所失去的那个'什么'而这个'什么'，正是初步觉醒的精神需要。这个'什么'不再是物质的，属于萧条时期的那种客观的'什么'，而是一种艺术的本质，艺术的灵魂。没有艺术的本质、艺术的灵魂肉体（即'怎样表现'）无论就个人或一个民族来说，始终是不健全的。"[1]而儒家恰恰规定了许多规则要求"怎样表现"，因而儒家的艺术精神是有限制的。

　　道家的治国方略是考察人与宇宙关系后作出的，以老庄为代表的道家在审察世界后，对广袤复杂的宇宙感觉十分无奈，转而产生巨大的敬畏感，深感人的渺小。他们常以巨大和微小作对比，如《逍遥游》中的鲲鹏与燕雀、《秋水》篇中的涓流与汪洋，强烈的对比反差启发和告诫世人，与巨大的宇宙相比人简直不值一提！文章设计无知的燕雀和狂妄的涓流，然后把他们推到与自己不成比例的鲲鹏和汪洋前，瞬间成了被嘲笑的对象。道家用无限渺小的方法把一切汹汹然的利益争斗和贪婪攫取比画到滑稽可笑的地步，以此冷静人们的头脑，主张万物并行而不相悖，万物并存而不相害，达到制止战争的目的。

　　由于道家拒绝瓶瓶罐罐的日常利益琐事，出世遨游于宇宙天地间，考虑人与宇宙相处的大问题，所以受道家思想影响的艺术精神必然大不同于儒家，那是没有世俗杂芜的自由飘逸，个人理想的精神体悟，人与自然混为一体的大器与和谐的艺术，艺术产品或是恣意汪洋，或是委婉灵动。道家在认识人与宇宙相处的关系中找到了均衡、和谐与美。道家的艺术精神中富有灵巧性。相对儒家而言，道家艺术精神所崇尚的美是个人从索取贪婪本性中获得解脱的道德之美，远离利益，不参与纷争，追求个人内心崇高的德行所构成的美。

　　拘谨与自由、实用与理想、技巧与灵巧构成中国艺术精神的二元化。当西汉"罢黜百家，独尊儒术"时，自由理想的道家艺术精神，与已取得正统地位的儒家拘谨实用的艺术精神开始发生严重冲突，一直到魏晋时期，大一统暂时式微，自由理想的艺术精神才获得一次轻松地解放，"越名教而任自然"，冲破儒学思想桎梏，催生出辉煌的艺术作品。

　　就像古希腊的艺术精神后来受到基督教文化的浸润，艺术内容和形式有所丰富和变迁，中国艺术精神很快受到佛教和道教的影响，由于宗教核心主题是生命关怀，某种意义上讲宗教只是加强了原来艺术精神中的人文特质，特别是宗教关于生命问题的思考使艺术精神增加了内涵，使艺术作品更有意味性。

---

[1]　瓦·康定斯基著，查立译：《论艺术的精神》，中国社会科学出版社 1987 年版，第 20 页。

可见中国艺术精神内核主要由道家的个人自由理想、儒家的国家政治实用主义和宗教的生命关怀三方面构成。规矩，象征儒家的国家政治、社会秩序，发展了有中轴对称的国家政治建筑，如都城、皇宫、官衙等；体现道家和宗教对有形的超越，则是私家园林。两者是"有"和"无"的辩证统一，也是现实社会秩序与人的思想自由的统一。艺术精神对建筑的影响显而易见。

中轴对称象征儒家的国家政治、社会秩序

私家园林体现道家和宗教对有形的超越

第三章　传统建筑的基本特征

　　早期人类生存条件恶劣，随遇而安、因地制宜地应对是唯一选择，建筑首先满足实用功能。后来中国发展了严密的封建专制政治制度，助长了实用主义，反过来巩固了建筑实用原则，建筑"功能实用第一"变成主要特征。在人类学视角中，凡进入人类生活的事物都无一例外地被烙上文化印记，因此人类的建筑即是"观念架构建筑"，历史漫长的中国尤为如此，这是中国传统建筑的第二个基本特征。然而文化观念是抽象的，变成具象建筑时，缺乏直接表现方法，于是借用象征手法，这样，"建筑形式象征"就成了中国传统建筑的第三个特征。

一、功能实用第一

　　建筑功能实用其实是全人类在起步阶段的共同特征，那时受到材料、施工技术和人的心智限制，建筑粗陋简单，刚刚满足遮风避雨和储藏物品需求。到后来，中国建筑走向实用主义：皇家用建筑宣示国家政治；平民用建筑形式祈求福祉……

实用：人类早期生存的选择

　　这是一个可以想象的结论，在极其艰苦的条件下，人类没有手段使事情变得完善，一切以对付为前提，当然实用就是第一准则。

史前人类在一无所有的情况下，学鸟类在树上巢居、学兽类钻山洞穴居、打制大小适合手握便于劳作的石器，这些都算得上实用主义的早期范例。在苏州地方博物馆，可以看到先民用大鱼的骨刺做缝制衣服的针；在浙江河姆渡干栏式建筑中大量采用现成的地产竹子；在西北黄土高原上就地挖掘窑洞……如果离开实用原则，很难想象人类能够生存下来。

西班牙阿尔塔米拉洞窟壁画闻名于世，难以置信如此精美的洞画出于旧石器时期或更早的先民之手。事实是洞画颜色来自各种矿物质颜料，工具由动物和植物材料手工制成，洞画中动物的肌肉巧妙运用凹凸的岩石来表现，一切都是环境实用的杰出成果。

即便在文明发达时代的非常时期，为了生存，人类仍然会本能地把实用放在第一位，比如二战流落山林之中的军人，他们的故事证明，实用确是生存原则之一。

实用的原始建筑

在缺乏建筑手段的史前，人们在地势低蛇虫多的地方模仿鸟类在树上建房居住，在地势高爽的地方就找山洞穴居。古文献《韩非子·五蠹》："上古之世，人民少而禽兽众，人民不胜禽兽虫蛇，有圣人作，构木为巢，以避群害。"《孟子·滕文公》："下者为巢，上者为营窟。"《礼记》："昔者先王未有宫室，冬则居营窟，夏则居橧巢。"这些文献对此说得很清楚。非洲人巢居的现实场景和无数洞穴的考古现场则为我们展示人类早期居住场所的实用范例。

随着人类能力提高，开始出现初步的建筑。南方河姆渡遗址的干栏式建筑以大小木桩为基础，其上架设大小梁，铺上地板，做成高于地面的基座，然后立柱架梁、构建人字坡屋顶，完成屋架部分的建筑，最后用苇席或树皮做成围护设施。这种建筑可以有效避免湿地蛇虫危害，与巢居异曲同工，但比巢居大大方便。北方地处干爽，半坡的房屋大多是半地穴式，他们先从地表向下挖出一个方形或圆形的穴坑，在穴坑中埋设立柱，然后沿坑壁用树枝捆绑成围墙，内外抹上草泥，最后架设屋顶。二者都因地制宜，通过简单修建，发挥最大的建筑居住功能。

中国早期建筑因地理环境，与土木打交道，成为建筑记忆，这是中国建筑走向土木建筑的重要原因。多山的古希腊早期以石为主，到宏伟的雅典娜神庙，引领西方建筑走向石头建筑。这两类建筑一直存在到水泥出现，这么长时间内都是因为取材方便，基于早期成功的经验，以建筑的实用性为支持。至于以后从文化角度解释，中国易损的土木建筑合于流变的五行观念，西方坚固的石头建筑合于基督教的永恒观念，还有待论证，因为很难看到令人信服的证据，而上述建筑环境和建筑记忆影响建筑发展的解释似乎更符合逻辑。

建筑走向实用主义

实用主义来自希腊文，意思是行为或行动。19世纪末20世纪初形成哲学思潮。在实践上，实用主义把"有用"和"效果"作为真理标准，在判断上，以"我"为中心，"有用"和"效果"的标准也以"我"为转移，对我有用有利的就是"真理"，反之就是谬误。

中国历史上经历过漫长而残暴的封建专制时期，其影响深远，成为中国文化实用主义的直接推手。中国古代残暴的封建专制政治制度剥夺了个人在公共场所全面自由活动的权利，特别是涉及政治生活时，稍有不慎，就会招致杀身之祸，甚至诛灭九族的横祸。西周末年厉王在位，百姓路上相遇，不敢停步交谈，只好"道路以目"，传递一个眼色擦肩而过。专制看似是一个政治制度问题，实质上深刻地影响到民众的日常生活，要生存不仅要适应自然环境还要适应人文环境，中国人在双重环境压力下，无原则适应的实用主义是重要的生存技巧，上升为中国文化中的一个至高原则。建筑也不例外地由最初的实用建筑走向建筑实用主义，观者若离开这一视角，面对建筑就会大惑不解，完整理解中国传统建筑必须触及建筑实用主义。中国传统建筑实用主义突出的表现在两个方面：建筑的功能效用；建筑的文化效用。

实用主义表现在民居建筑时，主要体现在居住空间与环境的实用性。7000年前的河姆渡遗址和稍后的半坡遗址，先民建筑都坐北向南，取得最佳光照和通风效果。民居总是使建筑的实用价值最大化，以北京四合院为例，四合院四面合围成院，首先考虑了空间利用和安全。专制政治下，人们借助围墙与外界隔绝，躲避窥视，增加安全感，围墙在专制政治条件下，给予个人安全自由的意义大于防范窃贼的功能。因此，中国围墙出现，很大程度出于封建政治专制制度压迫下的心理安全需要。四合院形制原因亦在此，合围成院，以图安全。其次，东、西、北、中均建房间，建筑的空间利用达到最大化。

再看风水模式的实用主义。城市选址背山面水，三面环山，形成天然屏障，利于军事防守，符合安全原则；水源丰富，可供生产、生活之用。陵墓选址背山面水，三面环山背北向阳，不易受风雨侵蚀，山水相连，植被完好，环境幽雅，让活人看着舒服安心。

可见传统建筑在实用功能和文化观念的关系上，实用功能始终排在第一位，建筑现象背后的实用主义就是建筑的决定因素。即便风水术的文化特质强烈，如果离开了实用主义，北京四合院、城市、村庄、陵墓的实用功能就很难有人接受，所以风水术也是实用功能第一，风水是表象，安全实用是本质，风水术只不过是一种文化现象、建筑的配套解说词而已。中国建筑的逻辑关系是安全实用──文化观念，文化起到锦上添花的作用。

中国建筑宇宙图案化，起初是直觉经验和文化观念的结合产物，建筑充满了巫术，后来统治者利用百姓畏惧天威的心理，设计天人感应系统，进而都城规划宇宙图案化，借此造成凡俗君王即天神的错觉，达到挟天神而令百姓的目的。建筑从直觉形态的宇宙图案化走向自觉形态的宇宙图案化，由巫术文化蜕变为政治服务的皇家建筑文化，这个过程是中国专制政治实用主义的最好例证。

汉高祖七年，"萧何治未央宫，立东阙、北阙、前殿、武库、大仓。上见其壮丽，甚怒，谓何曰：'天下匈匈，劳苦数岁，成败未可知，是何治宫室过度也？'何曰：'……且夫天子以四海为家，非令壮丽，亡以重威，且亡令后世有以加也'"。[1]这段高祖刘邦和萧何的对话就是都城为国家政治服务的明证。这时皇家建筑使用功能例外降为第二位，政治功能上升为第一位，刘邦因为建筑体量的威仪有助于治国而让步，实用主义暴露无遗。

到清代，承德避暑山庄和外八庙的政治象征意义集中体现，是建筑实用主义的最高典范。如宫墙周长约20华里，采用有雉堞（女墙）的城墙形式，象征长城；外八庙各具汉、藏、蒙、维民族建筑风格，与山庄内建筑意蕴呼应，象征清

---

[1]《汉书·高帝纪》。

王朝对多民族国家的统治；园内七十二景题名象征对汉文化的尊重；丽正门汉字居五族题名中间象征清王朝"以汉治汉"国策的推行；普安寺安排文殊像象征乾隆国策从"武攻"向"文治"转变……乾隆在《避暑山庄百韵诗》序中写道："我皇祖建此山庄于塞外，非为一己之豫游，盖贻万世之缔构也。"可以从建筑中看到的国家观念主要有两个方面：一是以满族为多民族国家的核心，居最高统治地位，推动多民族和睦共存的大一统局面形成；二是积极吸收汉族文化，在保持满族统治地位的前提下，利用汉族文化维持国家政治正常运行。可见，承德避暑山庄和外八庙是清统治者有目的地借建筑象征形式宣示这两点政治内涵的载体。

二、观念架构建筑

以本能为出发点，人类在寻求获得安全、食物和性的过程中，产生多种相关观念，如在氏族、民族、国家的集体中产生了宗教信仰观、等级观、疆域安全观、集体主义观、天人合一观、中庸观等；个人生命过程中在安全、健康长寿、富足和多嗣等四方面又衍生出相关的生命观、健康观、财富观、幸福观、荣誉观、家庭观、生育观等。林林总总的观念覆盖人类活动方方面面，就是那些庞杂的观念，影响建筑营造。建筑成为人类思想的外化物，忠实地记录下人类的思想文化，所以，建筑在满足实用功能的同时又是人类文化的产物。建筑凭借一大堆观念架构起教堂、寺观、清真寺、广场、民居、陵墓、桥梁……总之，我们看到的建筑绝不是一堆简单的物质，文化观念随着一砖一木砌进建筑，也随着钢筋混凝土浇灌进现代建筑，文化观念成了建筑的重要组成部分。

象天法地：基于人与世界关系思考的建筑观念

人类考虑自身命运，如何在复杂环境中生存，必须首先了解宇宙，并弄清楚人与宇宙的关系，以便确定人类的地位和行为。

中国人的宇宙观可以借用管仲一段有代表性的话表明："'天地，万物之橐也，宙合有橐天地。'天地苴万物，故曰万物之橐。宙合之意，上通于天之上，下泉于地之下，外出于四海之外，合络天地，以为一裹。"[1] 意思是人与宇宙万物共生于一张口袋之中，人是宇宙的一分子，因而，人与宇宙是一统的关系。由于关系是那么的密切，以致人与万物之间具有相互的感应，这就是后来"天人合一"、"天人感应"说的理论依据。

至于人在宇宙中的具体地位与行为，道家文化说得更明白，《老子》第二十五章："人法地，地法天，天法道，道法自然。"在宇宙万物序列中，人在最底层，地位卑微，只能服从和效法，与西方文化中人作为上帝使者的崇高地位恰成相反对照。

上述思想对建筑产生直接的影响，遵从效法思想通过建筑具象化、宇宙化：

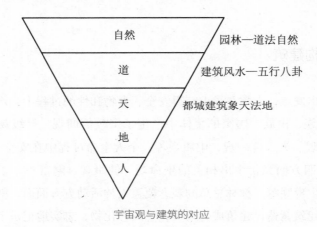

自然　　园林—道法自然

道　　建筑风水—五行八卦

天　　都城建筑象天法地

地

人

宇宙观与建筑的对应

人法地法天的结果是都城建筑"象天法地"，平面布局对应星空，完全宇宙图案化；人法道的结果是创设阴阳五行八卦学说，建筑受风水术影响也呈宇宙图案化，只是风水术是宇宙图案的理论化，图案对应没有前者直观明显；人法自然的结果是园林布置模仿自然，所以园林是中国建筑的最高典范，集中体现中国人的宇宙观和最高思想境界。

祈福禳灾：文化观念架构建筑

砖木架构起中国传统建筑，文化观念影响建筑的尺寸、体量、方位、样式、

---

[1]《管子·宙合》。

装修、颜色等。蹒跚而行的人类在童年缺乏应对生存挑战的能力，无一例外地借助术数，祈福禳灾观念自然而然地被镶嵌进建筑各个部分。"禳"原为古代祭祀名，"禳灾"指行使法术解除面临的灾难，祈福禳灾在建筑中变成鲁班尺中的数字吉凶涵义，再变成建筑门窗外观，也变成《营造法式》中的建筑模数；太和殿为什么是"九五"体量？四合院为什么门开东南角？中国建筑为什么不像西方用更耐久的石料却用易腐朽的砖木？中国建筑屋顶为什么如大鹏展翅？颜色为什么囿于黄、白、黑、红、青？这些问题的答案都在中国人的文化观念之中。

三、建筑形式象征

古天文学实质上是人类文化观念的渊薮，创神过程带出一大串凭空想象的观念，最终影响到建筑。

但是，文化观念是头脑中的想法，建筑是具象物，许多如宗教信仰、神话、灵异等高度抽象的内容根本无法表现，这时人类会运用约定俗成和联想创造或指定一个中介物来表现，即象征手法。

建筑象征：第二层意义的表达

所谓第二层意义表达就是象征。人类文化中普遍存在象征，是由人类具有的象征思维所决定。象征思维的本质是人的想象、联想、幻想、暗示等心理活动，表达时借助一个相似中介，蕴涵另一层意义。典型代表是宗教，许多不可演示的宗教内容必须借助象征才能传播，圣伊尼亚·蒂乌斯·洛约拉（St.Ignatius Loyola）在《宗教的仪式》中承认想象的地位，认为想象使灵魂的问题在沉思中有力地和戏剧性地具体化，是精神生活中必不可少的一步。[1]教皇格雷戈里一世和二世强调艺术必须"借可见事物显示不可见事物"，从而我们的心灵可能通过形象的沉思被精神所激起。[2]

联想在空间或时间上对相接近的事物形成接近联想（如哥特式教堂高耸入云

---

[1][2] 张信锦等译：《世界艺术百科全书选译Ⅱ》，上海人民美术出版社 1990 年版，第 245、249 页。

的尖顶令人联想到天堂，北京天坛祈年殿的蓝色攒尖顶令人联想到天神）；对相似特点的事物形成类似联想（如黑色令人联想到死亡的幽冥世界）；对存在对立关系的事物形成对比联想（如由耶稣想起犹大出卖朋友的邪恶）；对有因果关系的事物形成因果联想（如由火想起热）。再如当我们看到高大的太和殿时，感受到古代封建帝王的权威；听到《黄河大合唱》感受到当年的民族危亡感；口含一粒喜糖，分享到新婚夫妇的甜蜜生活；手摸到一块温软滑腻的美玉，产生一种富贵的感觉；闻到荷花发出的清香，联想起文人高洁的品性。由于联想是由一事物想到另一事物，即由当前的事物回忆起有关的另一事物，或由想起的一件事物又想到另一件事物的心理过程，这对象征的本质特征及象征的形成具有决定作用。

人类还有幻想的心理活动，通过幻想创造超自然力量帮助自己完成梦想，如《山海经》中的精卫填海。暗示也是人类重要的心理活动之一，即间接而隐秘地表达，在人类活动中因需要而普遍存在，宗教活动、神秘活动以及情爱活动与暗示关系最密切。

象征总是借助一个中介间接表达意思。间接表达方法有两种：第一种，借 B 表达 A 的本义，如送人石榴（B），表示祝愿对方多子多孙、家族兴旺（A）。第二种，借 B 表示 A 的深层意思。由于间接表达意思，所借用的象征体 B，是传递象征义的中介，它可以是事物，也可以是人或者一种特殊的表达符号，如手势、眼神等。中介 B 一般与 A 有"相似性"，发人联想和想象。如果 B 与 A 风马牛不相及，那么中介 B 与 A 之间联系的象征义则来自传承下来的文化观念，就像多义象征中白色和数字"4"都象征吉利，两者之间没有相似内容可供联想和想象，数字"4"为什么象征吉利，只有传承下来的关于数字"4"的吉利观念才能解答（数字"4"对应五行中的"金"，又对应白色、西方神太白金星，故主吉利）。所以，象征表达过程中，中介是必要条件，相似、传承文化或文化解释又是中介的必要条件，可以表达如下：

象征形式：B（作为中介的象征体）——A（象征体本义）

在日常生活中，送人石榴象征多子，送红玫瑰花象征爱情……已成为我们生活的一部分，建筑象征当然也不例外，下面我们用象征方法分析建筑象征义。

秦始皇陵是象征性布置突出的一座帝王寝陵，《史记·秦始皇本纪》写道：

"穿三泉，下铜而致椁，宫观百宫奇器珍怪，陟臧满之。令匠作机弩矢，有所穿近者辄射之。以水银为百川江河大海，机相灌输，上具天文，下具地理。以人鱼膏为烛，度不灭者久之。"墓内完全模仿人世，把死者置于一个与生前毫无二致的象征世界。

秦始皇陵建在陕西临潼县的骊山北，形状为四方形锥体，底边南北350米，东西345米，高47米，外形与昆仑山相似，象征生命不死。

有趣的是秦始皇陵与古埃及和墨西哥阿斯特克人所建的金字塔相仿，这就引出一个话题：为什么世界范围内各不相属的亚洲、非洲、美洲都有四方锥体金字塔形的建筑？就中国考古而言，四方形在早期墓葬中十分多见，殷墟墓坑、墓室的平面，春秋秦人宗庙遗址平面都呈十字四方形。

四方形在陵墓中屡屡出现，可能有两种涵义：其一，沟通四方神灵；其二，《山海经》把生命永恒的西王母所在的昆仑山描述为四方形，秦始皇陵呈四方形象征昆仑山，意在求得西王母的超度。古埃及和墨西哥阿斯特克人金字塔的四方锥体形无疑也与通神有关。

美洲"库库尔坎"金字塔是祭坛，高30米，上有高6米的四方形坛庙，塔底北向雕有蛇头，每年9月22日下午3点钟，阳光在台阶上造成的阴影自上而下接上塔底的蛇头，表示蛇神下凡，带给人间丰收。

四方形的象征意义在宗教中也有体现，如佛教称须弥山坐落于四方咸海之中，咸海中有四洲。苏州狮子林是建于元代的佛教寺院，立雪堂为僧人传法之所，它取意《景德传灯录》记载：禅宗二祖慧可去见菩提达摩人，夜遇风雪，但他求师心切，不为所动，在雪中站到天亮，积雪盖过了他的双膝。菩提达摩见他心诚，就收为弟子，授予《楞迦经》四卷。立雪堂内圆光罩空雕十字符号和万字符号，即有通神象征义。

留园主人是一位笃信佛教的信徒，还我读书处为一封闭空间，隐蔽安静，适合读书，铺地纹样与狮子林立雪堂圆光罩符号一样，象征主人奉读佛经。

外国宗教中也有相同表现，如《圣经》中的天堂则是像一个有台阶的锥形金字塔。由于耶稣被钉死在十字架上，十字架被赋予通神的意义，广见于基督教堂的平面和徽章。

除宗教信仰外，十字符号还象征特殊的文化涵义。苏州耦园主人贵为清代两省总督，受家学影响，精通易学，整座园林均以易学原理规划，窗格纹样所用十字符号象征易学中的易变贯通之意。

我们在明孝陵和清东陵等处发现笔直的神道中间都突然来一个弯曲,这个弯曲符号究竟是什么意思?象天法地是中国传统文化中的重要内容,所以对照天象图就会找到答案。有两个答案;一是弯曲的北斗星座被形象地看作天帝巡游天界的帝车,神道弯曲模仿北斗星座,象征死去的皇帝乘车巡游。二是弯曲的勾陈星座被形象地看作天帝皇座,神道弯曲模仿勾陈星座,象征死去的皇帝皇位永存。

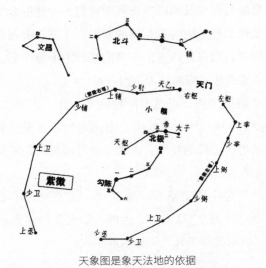

天象图是象天法地的依据

象征方法出色地调动了我们的联想,传达建筑物蕴含的丰富意义。

敬畏与向往: 建筑宇宙图案化

长期研究中国古代科学技术史的李约瑟敏锐地指出:"城乡中无论集中的或者散布于田庄中的住宅也都经常出现一种对'宇宙的图案'的感觉,以及作为方向、节令、风向和星宿的象征主义。"[1] 他以一个外国人的独特眼光道出了中国建筑的基本特征,要讲清造成这一基本特征的原因,需从文化源头开始。

敬畏产生于原始先民,由于人类起步阶段先民对自然灾害的巨大破坏力及正常自然现象缺乏理解,在难以抗争和把握的情况下,由恐惧转而产生敬畏。居住

---

[1] 李约瑟:《中国科学技术史》(第三卷),科学出版社 1975 年版,第 337—338 页。

在黄河流域的先民观察到北斗星居中恒定，众星围绕它转，认为这是宇宙中心。许多不可抗争的自然现象来自上天，于是又想象出超自然力量的天神，把北斗星北面的紫薇苑想象成天神的居所，一切令人恐惧的现象都由那里的神灵操纵，由此敬畏膜拜。敬畏后来被凡俗帝王利用，建造都城时象天法地，城市规划模仿北斗星周围的紫薇苑、天市苑、太薇苑三大恒星群方位布置，皇宫模仿紫薇苑，在人间再现所谓天神之所，为"君权神授"提供视觉场景，引发民众对凡俗帝王的敬畏之心，凡俗帝王坐金銮殿假天神之威，达到驾驭民众的目的。

向往产生于北斗星、紫薇苑的永恒与居中。北斗星居中不动，紫薇苑由星体环抱而成，夜幕之中，日复一日，群星围绕着转动，景象壮观，在审美上产生尊贵感。人的短暂生命比之璀璨星体，不过一瞬，人对生命的眷恋和对死亡的本能恐惧，自然而然产生对永恒的向往。

以都城建筑而言，秦始皇建造咸阳，仿效天上的紫微宫兴建宫殿，又仿效天河，将渭水引入都城。古代的吴国都城苏州、中原的洛阳、长安和明清两代的北京，城市规划中都有星空图案的痕迹，天空图案成为都城布局的依据。

以民居而言，北京四合院空间方位的"风水"意义即来自周易八卦和阴阳学中的朴素宇宙观；集中于福建的客家楼，外圆内方的建筑寓意上天运行有宇宙法则，家族共存有法度。

以园林而言，北京颐和园万寿山和苏州狮子林的宗教性布置、苏州耦园依据易学的建筑宇宙图案化布置，至于拙政园、留园等一批古典园林更是高踞中国文化传统之巅，道法自然，布置依天时、顺地形、随园主的心境，天地人三者融汇一统，不再有彼此之分。

可见，中国建筑蕴含了中国人最基本的宇宙观，其原因乃是中国人对宇宙法则的敬畏和向往，创造象征系统使之具有效用。

中国式复活：陵墓风水术

人类都眷恋生命、恐惧死亡，如何减低对死亡的恐惧成为全人类都在考虑的问题。结果方法千奇百怪，宗教则提供了轮回转世（佛教）、神仙世界（道教）、天堂复活（基督教）、后世永生（伊斯兰教）等方案。但是在一些最古老的文明中，也有宗教以外关于眷恋生命、抗拒死亡的创举，给我们留下的建筑展示了复活方法的丰富想象力，如埃及金字塔和中国的风水术。

从本质上讲，中国人的重土厚葬或古埃及人的死人书甚至各种宗教丧葬法，都源出于对死亡的恐惧和对生命的眷恋。死亡并不像睡眠，睡眠可以第二天一早醒来，重新体验活生生的生命，死亡意味着与世界永别。人类对死亡的恐惧既是本能的，又是经验的。人类想出各种方法减轻死亡恐惧对心理的压力。

"生命转世"是一个世俗的、人人关心的问题，虽然世俗与宗教在死亡问题处理上的具体方法不同，根本上却一致地体现出对生命的关怀。陵墓建筑的风水布置，忠实记录了从古至今人类的生死观，特别寄托了亡者对再生的信仰与渴望。

中国风水术衍生出另一个解释，即陵墓能影响活着的后代。风水术以为，死人入土后，携带的"气"与大自然中的"气"合为吉祥之气，感应鬼神和人。这个说法胁迫后人讲究丧葬，不敢怠慢死人。对生命转世的渴望成为死者生前大兴土木建造陵墓的原因；相信死人感应神，成为死者后代重视丧葬的原因。两者构成了丧葬文化不断丰富特别是风水术长期存在的条件。

当然，也有古人不相信生命转世，轻鄙丧葬。《汉书》卷六十七记载的杨王孙就是一个。他研究黄老学说，家产丰厚，但临终前嘱咐儿子：做一个布袋装尸体，放到地下七尺深的坑内，然后脱去布袋，让身体直接贴在土壤上——实行裸葬。杨王孙的理由是：第一，身体腐朽，还归自然，是必然的；衣被棺木把尸体与土壤隔开，阻碍了还归自然。第二，厚葬于死者无益相反招来盗墓人，今天下葬，明天掘出。裸葬对中国传统而言，可谓惊世骇俗，尽管有评论称赞杨王孙的做法比秦始皇高明得多，但后继者寥寥。

生命是快乐的，否则就没有对再生的渴望和对死亡的恐惧。对生命快乐体验的极端例子是我国哲学家杨朱，他反对墨子的兼爱和儒家的伦理思想，主张"贵生""重己""全性葆真"，重视生命体验。以后的杨朱学派认为，对于个人来说，利益是多方面的，其中最可宝贵的是生命，别的利益只能服务于"生"，保全和体验生命是首要位置的问题。《吕氏春秋·重己》阐发道：

> 今吾生之为我有，而利我亦大矣。论其贵贱，爵为天子，不足以比焉；论其轻重，富有天下，不足以易之；论其安危，一曙失之，终身不复得。此三者，有道者之所慎也。

这段文字认为：即使贵为天子，或富甲天下，都比不上生命的可贵，生命只有一次，不能失而复得。

《列子·杨朱》说，人生在世如处"重囚桎梏"之中，目的无非是"为美厚乐，为声色乐"；"尽一生之欢，穷当年之乐"，人生短暂，"孩抱以逮昏志，几居其半矣。夜眠之所弭，昼觉之所遗，又几居其半矣。痛疾哀苦，亡失忧惧，又几居其半矣"。算下来真正属于享乐的时间实在很少。《杨朱》篇大胆直言及时行乐的合理性，读来颇有煽动性："万物所异者生也，所同者死也。生则有贤愚贵贱，是所异也，死则有臭腐消灭，是所同也。……仁圣亦死，凶愚亦死，生则尧舜，死则腐骨；生则桀纣，死腐则腐骨，腐骨一矣，孰知其异？且趣当生，奚遑死后！"无论贵贱，死后同变作一堆腐骨，赞美也好，谩骂也好，对腐骨而言都毫无意义，不必理会礼教，且生且乐，何必怕死后骂名！

杨王孙视死如归，反对厚葬，提倡裸葬。杨朱学派关心个体生命体验，提倡及时行乐。两者都抛弃公众社会于不顾，强调个人主义，是历史上两个极端例子。大多数人还是接受了生命转世、死生感应的观念，经年累月，积淀成陵墓风水术。

历代风水师把风水术说得十分复杂，以至于惟有听从而不能知其所以然，下面用简洁的叙述揭开风水术神秘的面纱，分析风水信仰的本质。

构建风水信仰的核心内容是"气"，在中国文化中，气是一个重要的哲学概念，通常指一种极细微的物质，是构成世界万物的本原。东汉王充："天地合气，万物自生。"[1]北宋张载认为："太虚不能无气，气不能不聚而为万物。"[2]这里说的气是本体性的，是万物之源。还有一种概念，把气说成功能性的，如西周末伯阳父说："夫天地之气，不失其序……阳伏而不能出，阴迫而不能烝，于是有地震。"[3]有人根据气的所在位置与作用不同，分为精气、真气、清气、浊气、营气、卫气、经络之气、阴阳之气、五行之气等。

气是中国人宇宙观框架中的重要素材，道教把气看作宇宙起源的根本，由气的作用通过三个步骤构建了宇宙万物，为了表达清楚，对气的本体作用作了生动

---

[1]《论衡·自然》。
[2]《正蒙·太和》。
[3]《国语·同语上》。

形象的描述：三清殿供奉的元始天尊，手拿一颗圆珠，象征世界形成前混沌状态，称洪元。

灵宝天尊手捧坎离匡廊图象征世界从没有形象到有形象的过渡，宇宙分出阴阳两气，阴阳相互作用产生天地万物，称混元。道德天尊手拿扇子，上面绘有阴阳镜，象征世界的最初形成，终于从阴阳变化中分出了天和地，称太初。

气能分天地，造宇宙，生万物，当然也能影响生命，中医理论以气为根本和治疗依据也就不难理解。进而推之，气也能重造生命，风水术就是在这样的推论下形成的。风水术体现了中国人对解决死亡难题的愿望和天才想象，中医以气治病的成功，支持了以气为根本的风水术。古人重视陵墓之气，认定气是转世再生的关键也就在情理之中。

所以风水术的全部意义在于找到好的气场，为亡者创造良好条件和疪荫后代："葬埋得吉气，亡魂负阳而升，而子孙逸乐富贵蕃衍矣。葬埋得凶气，亡魂抢阴而堕，而子孙贪贱杀戮零替矣"。[1]

为陵墓找风水宝地有四个步骤：觅龙、察砂、观水、点穴，全部通过象征来实现。

觅龙，风水术中的龙是指有起伏的山。"龙者何？山之脉也……土乃龙之肉，石乃龙之骨，草乃龙之毛。"[2]"龙者，山之行度，起伏转折，变化多端，有似于龙，故以龙名之。"[3]把起伏葱郁的山象征为龙是取其动感有生命力。

易卦坤为地、为母，古人把大地看作母亲。人死后土葬犹如回归母腹，胎儿依靠脐带呼吸，得以孕育生命，墓穴同样需要气孕育亡者复生。奔腾的山峦犹如生气勃勃的龙，有动感的山脉就像脐带，墓穴坐落在有生气的龙脉之中，就像胎儿得到脐带能源源不断吸吮到气。

龙脉的尽头是昆仑山，选择昆仑山也是文化的作用。传说仙界第一夫人、玉皇大帝的夫人西王母居住在昆仑之圃、阆风之苑，有蟠桃林一片，三千年开花，三千年结果。每逢蟠桃大会，天界各路神仙都去赴会，因此桃为仙果，能延年增寿，昆仑山也因此成为长生不老的象征。

察砂，砂是指主山四周的小山，或隆起的高地。位置不同，叫法也不同：两

---

[1]《管氏地理指蒙·择术第四十一》。

[2] 叶九升：《山法全书》。

[3] 孟浩：《雪心赋正解》。

边鹄立，命曰侍砂，能遮恶风最为有力；从龙拥抱，外御凹风，内增气势；绕抱穴后，命曰迎砂，平低似揖，参拜之职；面前特立，命曰朝砂，不论远近，特来为贵。[1] 其作用一是藏风聚气，二是象征侍卫，体现葬主尊贵。

观水，"草乃龙之毛"，寻找墓地要求有较好的植被。林木需水土滋养，墓地附近必须有相当的水源和合理的出水口，不使墓地干旱缺水，也不使雨水浸没墓地。

点穴，风水术把墓葬比喻为胎与母腹的关系，有人进一步把墓穴象征为女阴。[2] 点穴就是要找到能孕育生命的地方，最后确定墓穴的具体地点。

历史上几乎所有皇帝都对风水作用坚信不疑，他们在自己盛年甚至少年开始修建陵墓，说明他们真的把陵墓看作死生中转站，死了进去马上就复活转世了，或者上升为神灵，所以毫不惧死，从这点看，风水术在减低死亡恐惧的问题上具有某些正面作用。不过，从结果来看，帝王占了最好的风水宝地，却没有一个王朝万世永存，清朝末代皇帝还获牢狱之灾，说明风水只是一个文化观念而已，其所谓神奇作用只有信者自信。

可见，风水信仰的本质是生命观，由死亡恐惧而引起。遗憾的是迄今没有一例死而复生的事实可以正面证明风水术作用，倒是许多王朝的覆亡和家族的衰落从反面证明了风水术的失败。

---

[1] 黄妙应：《博山篇·论砂》。
[2] 高友谦：《中国风水》，中国华侨出版公司1994年版，第36—37页。

第四章　文化镶嵌的江南建筑园林

前文用较大篇幅讲了中国建筑园林文化的发生发展，又讲了中国建筑的一般性问题，这将有助于下文阐释江南建筑与园林，因为文化总是与建筑相生相伴，镶嵌在建筑园林之中。

一、生死文化：风水求吉

陵墓建筑叙述了帝王对死亡世界的安排，民宅建筑则反映出民众对鲜活生命的生活安排。从民宅建筑中，我们可以体会到安全和享受是民宅建筑的主要功能目标。由于人类历史出发的第一步是那么孱弱，祈求神秘力量帮助成为人类儿童期的第一根柱拐。祈佑求福总以一定的形式表示，民宅建筑恰好是祈祷形式表达的载体。

民宅相对于阴宅——陵墓建筑又叫阳宅。阳宅建筑与阴宅建筑一样，十分讲究风水术。由于阳宅风水术流行于民间，资料和实例比帝王陵墓建筑丰富，多了些民俗生活气息，少了些官样模式，内容更饶有兴味。

风水术流行

早在先秦时期，风水术就在民间开始流行。反映先秦民俗风情的《诗经》有诗写道:"既景乃冈,相其阴阳。"[1]说的是古人以原始暑景测日影定方位。不过,阳宅风水术在早期记载中,比较多地用于皇家建都和营造宫室。

《书经·周书·召诰》记载:

> 惟二月既望,越六月乙未。王朝步自周,则至丰。惟太保先周上相宅,越若来,三月。唯丙午朏,越三日,太保朝至洛,卜宅,厥既得卜,则经营。

这段文字记述了周成王在二月二十一日早晨,从镐京来到丰为建新都选址。太保召公在此之前先到洛阳勘察环境。下月初三新月出现,三天后,太保召公一清早又到洛阳,卜问筑城的位置,得到吉利的结果,于是开始营建王城。

《诗经·定之方中》写道:

> 定之方中,作于楚宫。揆之以日,作于楚室。……升彼虚矣,以望楚丘。望楚与堂,景山与京。降观以桑,卜云其吉,终允其臧。

意思说当天上二十八宿中的室宿(即定星)升在天空时,文公在楚丘这个地方重建新皇宫。他们测日影定方位,在楚丘重筑新城。……登上卫国荒凉的漕城,观察楚丘。远看楚丘和堂邑这两个地方,有大山与高冈。走到下面观察地势,去看那一片桑林。占卜说,这是一块吉地,事实确实如此。

后来,阳宅风水术在民间大行其道,人们相信风水的神秘力量,以致古往今来关于风水的故事俯拾皆是。台湾人迷信风水的程度尤甚,较为出名的事例是台南县麻豆镇郭宅的故事。郭宅是台湾最古老的住宅之一,清康熙年间郭宅主人得到风水先生指点,在风水宝地建起房舍,不久便交财运,成为当地首富。后来风水先生双目失明,富翁感念旧恩,把风水先生请到家中供养,每餐供应他喜欢吃的羊肉。一天,风水先生进餐时发现满桌都是羊肉,就招呼其他人同食,却没一人接受,风水先生觉得很奇怪,经打听才知道满桌羊肉竟是一只掉进粪坑的死羊。几天后,风水先生对富翁说,门前的池塘有害风水,应改为果园。富翁不

---

[1]《诗经·公刘》。

知是风水先生的报复行为，马上依言照办。此后，富翁家连遭不幸，很快败落下去。

建筑师为了迎合社会需要，不得不刻苦钻研风水理论，许多建筑师抱怨道："不是我们不相信风水，而是我们的客户相信，做生意嘛，不懂风水不行。"现在买主看房子喜欢带上风水先生，这样就迫使建筑师设计时必先考虑风水忌讳问题，如避路冲、避电线杆等，室内设计更不能有半点马虎。

阳宅风水术象征手法

细究起来，阳宅风水术大致包括选址、方位、建造时间、格局、入住布置、装修等几个方面，几乎渗透在居住生活的各个方面。那么怎样理解神秘的阳宅风水术？著名的《何知经》几乎通篇运用象征比附，我们通过象征视角，可以获得一条理解阳宅风水术选址原则的捷径。

何 知 经

何知人家贫了贫？山走山斜水返身。

何知人家富了富？圆峰磊落缘朝护。

何知人家贵了贵？文笔秀峰当案起。

何知人家出富贵？一山高了一山高。

何知人家破败时？一山低了一山低。

何知人家出孤寡？瑟瑟侧扇孤峰斜。

何知人家少年亡？前也塘兮后也塘。

何知人家吊颈死？龙虎颈上有条路。

何知人家少子孙？前后两边高过坟。

何知人家二姓居？一边山有一边无。

何知人家主离乡？一山主窜过明堂。

何知人家出从军？枪山坐在面前伸。

何知人家被贼偷？一山走出一山钩。

何知人家悖逆有？龙虎山斗或开口。

何知人家被火烧？四边山脚似芭蕉。

何知人家女淫乱？门对坑窝水有返。

何知人家常发哭？面前有个鬼哭屋。

何知人家不旺财？只少源头活水来。

何知人家不久年？有一边兮无一边。

何知人家受孤栖？水走明堂似簸箕。

何知人家修善果？面前有个香炉山。

何知人家会做师？排列山头有香炉。

何知人家出跏跛？前后金星齐带火。

何知人家致死来？停尸山在面前排。

何知人家有残疾？只因水带黄泉人。

何知人家宅少人？后头来龙无气脉。

仔细相看山并水，断山祸福灵如见。

千形万象在其中，不过此经而已矣。

不妨解读几例。"何知人家贫了贫？山走山斜水返身"，说人家走向贫穷是因为住宅旁的山脉走势歪斜，水路流去又折回。这是借用自然现象附会人生经验，人生经验告诉我们，如果错误选择人生道路或奋斗失败返回家乡，必然穷困潦倒。贫穷的原因不是风水，其实是人。

"何知人家富了富？圆峰磊落缘朝护。"圆形山头使人联想起殷实的米囤和富人的便便大腹，因而象征富足。住宅两边有圆头山峰拱卫，象征拥有无尽的财富。

"何知人家贵了贵？文笔秀峰当案起。"笔峰象征笔架、读书。"书中自有黄金屋"，古代官本位社会中，以官为贵，一朝科考成功，走上仕途，岂不显贵？象征之意是在形似笔架的山峰下居住，必出读书人。

"何知人家出富贵？一山高了一山高。"绵延向上的山峰象征家运连续攀升，子孙官禄一代高过一代，当然既富且贵。

"何知人家破败时？一山低了一山低。"原理同上，山山走低，象征家财流失，走向破败。

"何知人家少年亡？前也塘兮后也塘。"屋前屋后多水池，顽皮少年自然容易落水溺死。

"何知人家吊颈死？龙虎颈上有条路。"古人上吊自杀用白绸缎，房屋两侧山（青龙、白虎）的山腰有条路，象征上吊用的白练。

"何知人家出从军？枪山坐在面前伸。"屋前山峦形如枪，因而象征人家习武从军。

"何知人家被贼偷？一山走出一山钩。"住宅边一山脉伸展出去，另一山脉弯曲如钩，象征家财为贼用钩窃去。

"何知人家悖逆有？龙虎山斗或开口。"住宅两边东（青龙）西（白虎）两峰对峙形开口状，象征家庭口角严重，不孝子孙，顶撞长辈。

"何知人家被火烧？四边山脚似芭蕉。"住宅四周山脚如扇风芭蕉，风助火势，象征火灾。

"何知人家不旺财？只少源头活水来。"住宅附近没有活水，象征主人没有财路。

"何知人家修善果？面前有个香炉山。"屋前山形香炉象征主人信仰宗教，可以得到好的结果。

"何知人家宅少人？后头来龙无气脉。"起伏的山脉象征勃勃生机，子嗣昌盛。相反，平缓无动感的山脉象征家人生命力不旺盛，子孙缺少。

房屋的方位和建造的时间同样由象征义决定。翻检《凡修宅次第法》，其中规则都以天干地支和太岁年决定。引言中提到，古人为了方便，假想一个自东向西的太岁星，划分与岁星对应的十二区，分别命名为摄提格、单阏、执徐、大荒落、敦牂、协洽、涒滩、作噩、阉茂、大渊献、困敦、赤奋若。天干地支象征义与文字象形有关，太岁年名则代表不同的征兆。

十天干象征义：

甲：阳在阴的包裹内萌动，象草木破土而萌。

乙：象初生草木，枝叶柔软屈曲状。

丙：火，丙也，光明，象万物皆舒展露形生长。

丁：象草木壮实，犹如人进入成年。

戊：茂也，象兴旺茂盛。

已：起也，象万物生长成形。

庚：坚强貌，象果实生长成形待秋收。

辛：象万物成熟。

壬：象阳气潜伏地中，万物怀妊待来年。

癸：怀妊地下，孕育萌发。

十二地支象征义：

子：孳生，种子开始萌生于土下。

丑：种子屈曲发芽，将要冒出地面。

寅：衍生万物。

卯：万物冒土而出。

辰：万物舒展而长。

巳：阴气尽消，万物快速生长。

午：阳气充盛，万物茂盛。

未：味也。木生长接近成熟，果实开始有滋味。

申：万物都已生长成熟。

酉：万物开始收敛。

戌：草木转为凋零。

亥：物成坚核，秋冬萧杀万物。

太岁年名的不同征兆：[1]

摄提格之岁，早水晚旱，稻谷生疾；

单阏之岁，天气平和，稻菽丰登；

执徐之岁，早旱晚水，蚕闭麦熟；

大荒落之岁，麦昌菽疾，有兵乱；

敦牂之岁，大旱，菽麦昌，蚕登到疾；

协洽之岁，蚕登到昌，菽麦不收，有兵乱；

涒滩之岁，平气平和，万物丰收；

作噩之岁，大兵乱，民疾，五谷不收；

阉茂之岁，有兵乱，闹饥荒，菽昌麦不实；

大渊献之岁，大兵乱，大饥，五谷不收；

困敦之岁，大水大雾，蚕稻麦昌；

赤奋若之岁，有兵乱，菽麦不收，麦昌。

---

[1] 俞晓群：《数术探秘》，生活·读书·新知三联书店1994年版，第165页。

以上象征义都有确定的时间和方位，对建筑具有直接的指导意义。《黄帝宅经》关于建造阳宅的方位和时间根据，就来自上述象征内容。如"丙位"有明堂、宅福、安门、牛仓等，在此建宅象征升官发财，合家快乐。又说"丁位"有天仓，如果家财渐渐匮乏时，在此位修宅，可使仓库粮满，六畜兴旺。这些吉利的根据都可以从丙和丁的象征义中找到，而象征义的根源来自古人对天象的附会解释。

根据同理，阳宅拟建的月份时间由吉凶象征义进一步决定：

正月的生气在子癸，死气在午丁；

二月的生气在丑艮，死气在未坤；

三月的生气在寅甲，死气在申庚；

四月的生气在卯乙，死气在酉辛；

五月的生气在辰巽，死气在戌乾；

六月的生气在巳丙，死气在亥壬；

七月的生气在午丁，死气在子癸；

八月的生气在未坤，死气在丑艮；

九月的生气在申庚，死气在寅甲

十月的生气在酉辛，死气在卯乙；

十一月的生气在戌乾，死气在辰巽；

十二月的生气在亥壬，死气在巳丙。

风水术认为掌握吉利的建造时间，同时要避开每月不吉利的"土气"所在方位。若建造在土气所冲方位，家中必遭凶灾。每月土气所冲方位是：

正月土气冲丁未方；二月土气冲坤方；三月土气冲壬亥方；四月土气冲辛戌方；五月土气冲乾方；七月土气冲癸丑方；八月土气冲艮方；九月土气冲一丙巳方；十月土气冲辰乙方；十一月土气冲申庚方。

建房方位和时间的吉凶根据大致如此，实际操作还有许多程序，须详细对应查找。由于传统文化堆积深厚，加上象征是第二层面的意思，一般人便会如入迷宫。

阳宅格局也大有讲究，分为阳宅外形和阳宅内形。外形指住宅与环境的关系。其中，许多内容反映了生活经验。如"住宅设于道路尽头为凶宅"。可以想象，道路尽头没有人经过的住宅，当发生偷盗、水、风、火各类灾害时，不易被人发觉而错过抢救机会；还有出入必经邻居家门，行迹为他人知晓，时时事事受到监督，造成心理紧张。又如"住宅门前有大树凶"。同样可以想象，门前大树妨碍空气流通，遮挡阳光。大树又招引雷电，易伤人着火。

有的住宅外形具有明显的象征义。如《宅外形吉凶图说》：

> 中央高大号圆丘，修宅安坟在上头。人口赘财多富贵，二千食禄任公侯。

意思是在中央高的圆丘上修建阴阳宅，会使家运发达，人多财旺，子孙封公侯。圆丘外形圆满向上，象征富有和升迁。

"宅东流水势无穷，宅西大道主亨通。因何富贵一齐至，右有白虎左青龙。""朱玄龙虎四神全，男人富贵女人贤。官禄不求而直至，后代儿孙福远年。"

这两种吉宅环境上乘，宅东河流，宅西大道，宅北高山，宅南向阳。空气清新，环境幽雅，便于生活，利于健康。东南西北附会四象，象征受四方神保护。

《论宅外形第一》中也有一例：

> 凡宅，门前忌有双池，谓之哭字。西头有池为白虎开口，皆忌之。

这里采用字形象征，一望便知。门前多水池易发生小孩溺水事故，故谓之哭。迷信认为西方为杀伐凶丧之地，不吉利，故忌之。池塘形状大有讲究，也有吉利的，歌曰：前塘似砚池，子录登高第，池塘清如镜，贵子生聪明。池塘象征文房四宝之一砚台，寓意该宅出读书人，长大做官。水清如明镜，象征后代清秀聪明。

内形是指宅内各房间及庭院布局。宅内布局与阴阳观关系更密切，古人阴阳观认为：阳为天、为君、为男、为贵、为吉、为福……，阴为地、为女、为寒、为幽、为凶……。对应八卦图，方位就有了吉凶象征义。

水井不宜在宅院中央。五行说认为中央属土，土克水不吉利。路宜曲，有利聚气。据说鬼直线行走，门设在一侧或门前设照壁，也有在门上挂镜，阻止鬼进门。故宅院路径忌直线布置。

灶设在东方或西南方为吉。灶生火，东面属木，南面属火，木生火，木火相生。设在西南方或北方就不吉利，北方属水，水克灶火。

东北方属艮位，西南方属坤位，前者被称为鬼门，后者被称为后鬼门。相传东海度朔山上有一棵巨大的桃树，蟠曲千里。桃树北面是鬼门关，阴间鬼魂从这里出入。所以，住宅东北方和西南方不安排浴室，认为这个方向的浴水不干净。往往安排厕所"以恶制恶"。

间数也象征吉凶。成书于元末明初的《鲁班木经匠家镜》中"造屋间数吉凶例"写道：一间凶，二间自如，三间吉，四间凶，五间吉，六间凶，七间吉，八间凶，九间吉。歌曰："五间厅、三间堂，创后三年必招殃；四间厅、五间堂，起造后也不祥"。

门的大小尺寸更不例外。"造屋间数吉凶例"写道："宜单不宜双，行惟一步、三步、五步、七步、十一步吉，余凶。每步计四尺五寸为一步，于屋檐滴水处算起，量至立门处。得单步合前财、义、官，本门方为吉也。"

要看懂这两段令人费解的文字，得从数字和尺讲起。数字被看作高度抽象的东西，房间的尺寸，门窗的大小，一般人都从功能上去考察它，并不会把这些数字与生命愿望作联系。海外人忌讳 14 号房间，却从不深究门窗房间的尺寸。其实，古代建筑中的尺寸数字有着极其深奥的涵义。建筑中蕴含的时间空间以及度量等都与数字密不可分，列维·布留尔在《原始思维》中指出："意外现象不会使原始人感到出其不意，他立刻认为在它里面表现了神秘的力量。"周代乐师州鸠对周王说："凡人神以数合之，以声昭之。数合声和，然后可同也。"[1] 古代人特别重视数的象征涵义而谨慎使用。

用于建筑的数字主要蕴含驱邪祈福涵义，这类数字来源有三。其一，天文现象中涉及的数字，它被认为与天神有必然的联系，用它可以通神。东汉马融认为建筑数字象征来自《周易》，他在《周易正义》中指出："太极生两仪，两仪生日月，日月生四时，四时生五行，五行生十二月，十二月生二十四气。"4、5、12、24 等数字都是象征宇宙的符号。

其二，具有神秘魔力的数字。西安历史博物馆陈列的"六六纵横图"是 1957年在西安市发掘元代安西王府故址时，在王府宫殿地基中发现，图中纵横由 6 个数字组成，令人惊奇的是纵横对角线每行数字的总和都是 111，故又名"六六幻方"。由于数字的奇妙性，古代人认为"六六幻方"的数字具有神秘的魔力，把

---

[1]《国语·周语下》。

它刻在铁板上埋入地基借以辟邪。

六六幻方

28	4	3	31	35	10
36	18	21	24	11	1
7	23	12	17	22	30
8	13	26	19	16	29
5	20	15	14	25	32
27	33	34	6	2	9

　　幻方辟邪今天在云贵等地仍有人相信，一些少数民族甚至把"三三纵横图"刻在背上。国外有的国家也赋予纵横图以神秘色彩，如埃及南部农民用"四四纵横图"作为催生或诅咒的符号。印度人把幻方刻在金属物或小石片上，挂在身上作护身符。伊斯兰国家有人相信幻方具有保护生命和医治疾病的神秘力量。

　　其三，对数字的传统信仰，应用时趋吉避凶。这类数字涵义极其复杂，与五行内容关系最密切。

　　数字的特殊涵义决定了尺寸的象征义。《八宅造福周书》列出到明末为止所流行的吉利尺度数字，对建筑产生重大影响。下列两把尺有不同的吉利数字。曲尺：分为9寸，第1、6、8、9为吉利数。那么把四个数看作吉利的原因是什么？据传，东汉张衡给九宫数字配色，为一白、二黑、三碧、四绿、五黄、六白、七赤、八白、九紫。

九宫图

4	9	2
3	5	7
8	1	6

配色图

绿	紫	黑
碧	黄	赤
白	白	白

　　与八卦相配则为：一白居坎，二黑居坤，三碧居震，四绿居巽，五黄居中，六白居乾，七赤居兑，八白居艮，九紫居离。古代匠师依上可判断建筑的吉凶。配白色的1、6、8被看做吉数有两种解释，一是殷商卜筮方术行法时，象征白色的1、6、8三个筮数出现次数最多，故白色成为殷商时期的正色，《周礼·春宫

司常》："杂帛者，以帛素饰，其侧白，殷之正色。"1、6、8在商代被视作吉数。二是1、6、8数与星座有关，古人认为天上太白金星最吉，与白色相关的1、6、8是吉数。"9"对应的是紫色，相传神仙所在天宫为紫色，"9"也被列为吉数。建筑尺寸单位以寸为准，均用1、6、8数，俗称"压白"。宋代以后，许多建筑术书和笔记如《营造法式》、《营造正式》、《鲁班经》、《营造法原》、《清工部工程做法则例》、《工段营造录》、《清式营造则例》、《算例》等均有"压白"尺法的记载和实际应用法。《清式营造则例》、《算例》等均有"压白"尺法的记载和实际应用法。

另一把尺长14.4寸，称"鲁班真尺"，分为8格，每格1.8寸，分别写上"财、病、离、义、官、劫、害、吉"八个字。《八宅造福周书》逐一作了解释，正好揭示出八个字的象征义：

> 财者财帛荣昌，病者灾病难免，
> 离者主人分张，义者主产孝子，
> 官者主产贵子，劫者主祸妨麻，
> 害者主被盗侵，本者主家兴崇。

头尾的"财"、"吉"最好，第四"义"、第五"官"为吉。

《事林广记》所列门户尺寸写得更具体：

> 一寸合白星与财　　六寸合白又含义
> 一尺六寸合白财　　二尺一寸合白义
> 二尺八寸合白吉　　三尺六寸合白义
> 五尺六寸合白吉　　七尺一寸合白吉
> 七尺八寸合白义　　八尺八寸合白吉
> 一丈一寸合白财　　推而上之算一同

建造房屋时，构件尺寸尾数应尽可能是尺中的吉数，所以《鲁班经》书上的门都是7.2寸为模数，与尾数吉数14.4成倍数关系，7.2寸象征吉利。所谓模数就是选定标准尺度单位，使建筑设计标准化。早在商周时期已经采用模数，据考证，模数系统发明受启于音乐。古代音律制定称"三分损益法"，即按一定长度相加或相减三分之一而取得不同频率之音，按此编定的音律优美和谐。和谐是传统文化追求的最高境界，无论重人伦的儒家、重个人修养的道家、和重心灵平衡的佛家，都是如此。建筑模数借鉴音律的比例关系，规定建筑及材料尺度比例为3:2，建造出了和谐美丽的中国古建筑。荷兰人 K.Ruitenbeek 测量台南 68 依次扇旧宅门，其中 61 扇门的数是鲁班尺中的吉数，占 89.7%；在北京测量 73 例，有 53 例为吉数，占 69.9%，证明中国建筑广泛使用具有象征义的尺寸。

以上可见，象征是造成风水术神秘的关键。风水术有魅力的原因有两个：一是风水术中关于时间、空间、人事的历史经验总结有部分是正确的，应验机率占一定数量，提高了风水术可信度；二是风水术中许多说法完全符合居住功能和审美要求。如"凡宅左有流水谓之青龙，右有长道谓之白虎，前有行池谓之朱雀，后有丘陵谓之玄武，为最贵之地"。背山面水，又有道路交通，起居方便，山青水秀，当然是一块好地。

二、祈愿文化：寓意建筑

祈愿出于生存受到挑战，转而向超自然力量求助，原始宗教、神话、神仙系统、宗教信仰等大行其道，堆积成丰厚的祈愿文化层，显见于民居建筑，反映人们的生存愿景。

家族村落兴旺发达

家族村落形成首先出于生存和安全需要，其次是生活享受。家族村落重总体规划，使建筑起到维系家族的纽带作用，同时也使个体建筑与村落群体建筑之间具有明显的向心性，个体建筑寓意服从村落群体建筑主题。家族村落建筑反映了特定时空中人群的社会文化。

走向群居　人是群居动物。据研究，动物界有很多群居动物，如牛羚群、斑马群、瞪羚群、沙丁鱼群、虾群、蚁群、蜂群等，群居动物多为体小力弱或性柔不适合进攻。1919年斯坦利·沙赫特（Stanley Schachter）对群居倾向系统研究后得出结论，造成群居的原因之一是恐惧，即安全本能。[1]

恐惧对合群行为的作用（单位：%）

条　件	集中	不关心	单独	合群行为的强度
高度恐惧	62.5	28.1	9.4	0.88
低度恐惧	33.5	60.0	7.0	0.35

注：表中比例数误差 ±2。

上表显示恐惧程度愈大，合群强度愈大，合群具有减低恐惧程度和提高安全感的功能。

群居的另一个因素是饥饿。饥饿对合群倾向的作用如下表：[2]

饥饿对合群倾向的作用（单位：%）

条　件	被试选择的百分比	
	集　中	单　独
高度饥饿	67	83
中度饥饿	35	65
低度饥饿	30	70

表中显示饥饿程度愈大，合群程度随之增高，群体力量有助于减低饥饿威胁程度。

两表说明，群居对安全和食物提供一定程度上的保证。人既缺乏大象那样坚实硕大的身体，也没有牛羊的角可供防御，甚至没有马或鹿的快跑能力，单独生活即意味着饿死或被杀死。人在发明有效武器前，群居是安全、猎取食物和性生活的保证。于是，人以血缘为纽带，寻找共同的生活空间，形成村落。

村落包括两个空间，一是居住空间，二是公共活动空间。居住建筑安排有长幼、关系亲疏之别。古代治丧，参照"五服图"制作轻重长短不等的丧服，表示着服者与死者的亲疏关系。"五服图"反映了家族关系，这种关系深刻影响家族

---

[1][2] Ｊ·Ｌ.弗里德曼等：《社会心理学》，高地、高佳译，黑龙江人民出版社1984年版，第56—62页。

村落的居住建筑。

客家土楼 这种建筑集居住空间和公共活动空间于一身，安全功能突出。空间安排象征义隐晦。客家土楼集中于福建漳州、南靖、龙岩、永定一带，早在两晋和两宋时代，为避中原战乱，一些望族大姓南迁到此定居。永定遗经楼中轴线两边严格对称，主屋位于中央，四周高楼围绕，表现出极强的向心性，象征长尊幼敬的位序关系和家族等级。

历史上，客家家族间经常械斗，为求生存，创造了容纳整个家族几十户人家的大型圆形土楼。建于清中叶的永定承启楼，外围直径 62 米，高 4 层。里三层环形相套，共有房间 300 多间。底层中心为单层方形堂房，为议事及举行重大典礼之所。从承启楼图看，给人印象强烈的是外圆内方的建筑布局。站在底层堂屋向上看，恰是一幅天圆地方图画。承启楼主人原为中原望族大姓，有着相当深厚的文化修养，作外圆内方布局有保障安全和家族等级秩序二种象征义。《淮南子·天文训》说："天圆地方，道在中央……"《淮南子·兵略训》又说："国得道而存，失道而亡。所谓道者，体圆而法方……夫圆者天也，方者地也。天圆而无端，故不得观（其形）；地方而无垠，故不能窥其门。"这段话说，遵从天圆地方规律，就能获得安全保障，有利生存。安全保障是长期械斗家族十分看重的内容，所以天圆地方成为客家土楼的建筑形制。《吕氏春秋·季春纪·圜道》又说："天道圆，地道方，圣王法之，所以立天下。"意思是遵从天圆地方法则，就能建立起有效的管理秩序。俗话说，没有方圆，不成规矩。承启楼天圆地方，寓意土楼家族内长幼有序，族规法度井然。

村落建筑符号 浙江省永嘉县芙蓉村，传说是唐末一对夫妇避战乱定居繁衍而成。那里自然环境：前有腰带水，后有纱帽岩，三龙捧珠，四水归塘。是背山面水，三面环抱的理想环境。全村呈"北斗七星"格局。"七星"指夜空北方排列成斗形的七颗星，即天枢、天玑、天璇、天权、玉衡、开阳、摇光。古人用假想线连结起来，像酒斗之形，因位于北方，故称北斗。

村内道路交叉点为高出地面 10 厘米，面积约 2 平方米的平台，称作"星"，共有七处。分布在村各处又有八处水池，称"斗"。村内道路将"星斗"相互联接。芙蓉村以七星八斗格局附会天象，意在祈求天神保佑，福祉降临。

浙江永嘉县楠溪江边的苍坡村建于五代后周（公元 955 年），是一个距今已有 1000 多年的古老村落。南宋年间，有人指出：村西方位属庚午金，与远处的火形笔架山相冲克，村北壬癸方又无水潭制火；村南丙丁方属火，村东甲乙方属木，木助火势，火上加火。原村落布局火多水无，不吉。建议在村南建水池，并开渠引水，环绕村落，以水克火。村民据此在村东南开掘东、西双池。又借笔架山为题发挥，以水池为砚，池边条石为墨，小街为笔，宅院空地为纸，象征文房四宝。此后，苍坡村文风开启，人才辈出。苍坡村是一处以阴阳八卦为理论依据，根据传统风水术规划布局的古村落，集中反映中国传统建筑的象征意义。

兰溪诸葛村是浙江又一处具有象征义的村落，聚居诸葛亮后裔近4000人。诸葛亮第27代后裔孙诸葛太师是元代人，平生喜好堪舆之术，1340年左右，选现址按九宫八卦设计而成。目的是改变原祖居空间逼仄的状况，求家族兴旺发展。八卦图中左旋黑白两部象征构成宇宙间万物的阴阳二气。古人认为，若二气调和，搭配得当，运行有度，则万物有序，风调雨顺；若二气错位，则自然失调，运行不畅，最终酿成灾害；阴阳二气又与人事密切相关，若人事不合天象，阴阳二气失调，就会给人带来灾祸。诸葛村按图案布置，象征顺天道求福祉。经精心挑选，诸葛村民选中周围有八座小山的高隆岗，称外八卦，使整个村落坐落在八座小山的环抱之中。八条小巷由钟池向四周辐射，使村中民居归入坎、艮、震、巽、离、坤、兑、乾八个部位，称内八卦。钟池位于村落九宫八卦图中心，一半水塘一半陆地，中间以S形分隔，构成鱼形太极图。水塘边缘呈圆形，陆地边缘呈方形，象征天圆地方。两边各设一口水井，为阴阳鱼的眼睛。八卦村布置一以纪念通晓易理八卦的先祖诸葛亮；二则八卦通天地人间诸事，象征大智慧；三则寓意设计者借此祈福攘灾。

平安之家四合院

四合院集中在北方，随着历史中几个王朝的南迁，四合院成为江南建筑一员。民居是个人家庭生活哲学的写照，折射出一民族或国家的政治伦理、文化传统观念。四合院除了使实用功能最大化，同样蕴含了复杂的文化观念。

封闭式的合院形成得很早，汉代明器显示已有了曲尺形合院。四川出土画像证明，住宅已具备前门、前院、中门、内院、正堂、侧院、回廊和望楼，构成了多个私密性空间。住宅中布置私密性空间正是缺乏安全感的象征。

从形态看，明清趋于多样化，有北京的四合院、安徽的高墙合院、江南的深长院落式、云南的一颗印式、闽式合院及长条街屋、贵州干栏式及甘陕晋的窑洞式等。其中五室式和九室式为基本格局。北京四合院具有典型意义。它的基本布局是：坐北朝南的开东南门，坐南朝北的开西北门。大门后建有"影壁"。绕过影壁进入前院，最前面的房屋称作"倒座"。入内，又有一道围墙，中间开设"垂花门"。进垂花门到达后院，中间为正堂，左右为厢房。所有房屋面向中央庭院，形成四合形状院落。

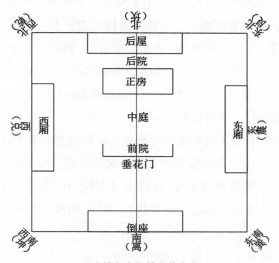

四合院各房间的方位寓意

对四合院形制有几种说法。有的认为是以聚气养生。[1]有的人认为是象征四神布置。上述两种说法都很勉强。其实，作为民居，建筑中必然寄寓了驱邪祈福等信仰观念。北京四合院的方位布置，渗透了周易八卦象征义，其目的就在于此。

根据图示分析其象征义：

图中大门开在东南角巽地，巽为风、为入，寓意财源滚滚而入。倒座，指建在最南边的房屋，北向，堆杂物和男性仆役的居所。西厢，建在正房右面，西为兑，兑卦象为少女，西厢为年轻女性居所，《西厢记》中莺莺就住在西厢房。东

---

[1]　王昀：《浅谈"气"与四合院建筑型制的发展》，《新建筑》1988 年第 19 期。

厢，建在正房左面，东为震，卦象为长男用事，东厢房安排男性子女入住。正房，居中为贵，家长所居。门窗向南，南为离，卦象光明，取向明之意。后屋，为堆放杂物及女性奴仆居所，也是炊事之所。厨房是生火的地方，安排在居北坎位，坎位属水，取水克火之意。主房、灶间、大门三大要素在方位上象征相生，主房居正北"坎"位，属水，宅门置于东南方，属木的"巽"位，表示"水木相生"。

少数民族地区的四合院有所不同，云南丽江县城一侧四合院实例可以为证。东宅象征春天，女儿居住，其对联为："玉海无涛千里绣，绿树红楼户前春"，横批："春回大地"；南宅象征夏天，有长养万物之意，客人居住，其对联为："酒香留客住，诗好带风吟"，横批为："主欢客乐"；西宅象征秋天，有收成万物之意，为厨房、库房，其题对为："喜鹊登枝盈门喜，春花烂漫大地春"，横批："富贵吉祥"；北房象征冬天，主人居住，其题对为："竹契兰言春因日永，永幽山静乐与天随"，横批："兰室春和"。[1]

汉族四合院布置还受古代昭穆制度影响。昭穆制度起源于原始社会父系家长制。反映在宗庙次序上，始祖庙居中，以下父子（祖、父）递为昭穆，左为昭，右为穆。祭祀时，子孙按此规定排列行礼，以别父子、远近、长幼、亲疏之序。故四合院左为东，右为西，多子家庭安排长子住东厢房，次子住西厢房，象征长幼地位。

四合院规模，根据主人身份不同有大中小不等，大门成为等级的象征。一般有六种大门：

王府大门，等级最高。清顺治九年（1652）规定亲王府正门广五间，启门三。每门金钉六十有三。世子府门钉减亲王九分之二。贝勒府规定为正门五间，启门一。均用绿色琉璃瓦。

广亮大门仅次于王府大门，它是屋宇式大门的一种主要形式，宽一开间。筑有较高的台基，显得宽大敞亮，故名。大门檐下饰有雀替等附件，象征主人地位。

金柱大门，与广亮大门形式相近，由于门扉安装在金柱上，故名。大门宽度，也占一个开间，制作精良，显示贵族气派。

---

[1] 王昀：《四合院建筑型别的同构关系初探》，《新建筑》1987年第3期。

				高祖父母				
			曾祖姑	曾祖父母	曾叔伯祖父母			
		族祖姑	祖姑	祖父母	叔伯祖父母	族叔伯祖父母		
	族姑	堂姑	姑	父母	叔伯父母	堂叔伯父母	族叔伯父母	
族姐妹	再从姐妹	堂姐妹	姐妹	己、妻	兄弟兄弟妻	堂兄弟堂兄弟妻	再从兄弟再从兄弟妻	族兄弟族兄弟妻
	再从侄女	堂侄女	侄女	子媳	侄侄媳	堂侄堂侄妇	再从侄再从侄妇	
		堂侄孙女	侄孙女	孙子孙媳	侄孙侄孙妇	堂侄孙堂侄孙妇		
			侄曾孙妇	曾孙曾孙妇	侄曾孙侄曾孙妇			
				玄孙玄孙妇				

影响建筑象征的"五服图"

蛮子门，是北京人的称呼，将门扉安装在外檐柱间，它是广亮大门和金往大门演变出来的又一种形式。

如意门，多为富人商贾住宅的大门，北京中小型四合院门大多采用。两侧砖墙交角处，常饰以如意形状花纹。为炫耀富有，注重装修。雕刻内容丰富，题材广泛，有福禄寿喜、梅兰竹菊、文房四宝、玩器博古等，象征主人的意愿和品格。

墙垣式门，民宅中常采用的式样。

建房风俗

江南建房过程充满象征意味。《江南风俗》一书收录的建房风俗，颇具典型性，择录片断：

浙江某地区，房主于正月初三上山择定制栋梁的高大树木。用红纸围贴在树木下部，并以香烛祭祀山神，祈求保护砍树人的安全。砍伐时，树不能直接落地，不再在山上剥树皮，严禁人跨越。接着聘请手艺高超的木匠制作栋柱，木屑、刨花不可当柴烧，要倒在河中任其飘浮。

上梁时，选择吉日良辰，一般定在"月圆"、"涨潮"的时辰，取其合家团圆、钱财涌来如潮水之意。木匠用红绸包裹的数枚银圆或铜钱定在正梁上。梁上还张贴横批"上梁大吉"、"福星高照"、"旭日东升"或"姜太公在此"等吉祥词语，两边栋柱书写"上梁欣逢黄道日，立柱巧遇紫薇星"，"三阳日照平安宅，五福星临吉庆门"之类的对联。上梁时辰一到，泥水木匠爬上两边栋柱，系下的绳索套在正梁两端，喊道："上梁，大吉大利！"顿时，鞭炮齐鸣，人群欢腾。工匠们边上梁，边唱"上梁歌"，唱词多为祝颂，讨口彩。如宁波地区上梁时，工匠手拿酒壶，边洒酒浇梁，边唱浇梁歌：浇梁浇到青龙头，下代子孙会翻头。

站在栋柱两边的工匠慢慢将正梁拉上柱顶，东首工匠要比西首工匠拉高一点，因东首为"青龙座"，西首为"白虎座"，青龙要高于白虎。当老师傅将正梁敲进榫口内后，将准备好的馒头、红枣、米粉捏的元宝、糖果等食品往下抛，俗称"抛梁馒头"。房主夫妇手拉红绸面，在下面接食品，将食品包裹好，放在新屋正堂供桌上。左右邻居则纷纷抢食抛下的食品，认为争吃上梁食品，会大吉大利。苏州地区人们认为，馒头是发的，故称为"兴隆"，"抛梁馒头"象征房主建屋后能日日兴发，年年隆盛。

有些地区上梁后，还有泼梁仪式。房主全家人跪在祭桌前，桌上摆设祭物和木匠工具，木匠师傅边泼梁边念泼词，以贺吉利，其词曰：

> 福兮再福兮，此木不是非凡树，本是林中子孙树，别人拿去家中用，我今选为栋梁材，住得子孙千年盛，荣华富贵万万年。

泼梁后，房主人送红纸包给泼词工匠，表示酬谢。当日，房主在新屋以三牲、酒菜、香烛祭谢鲁班先师，并摆上梁酒设宴招待木匠、泥水匠、帮工和亲朋好友。主人除给上梁工匠师傅红纸包外，还依序向工匠、帮工和亲友道谢，分送上梁糕，还向左邻右舍送。前来送礼道贺的亲戚朋友回家时需带回一半礼物，此俗至今还在一些农村盛行。[1]

可与江南建房习俗象征对照的较好例子是湘西，这是巫蛊迷信比较盛行的地区，沈从文在其文学作品中有过详细描写。因此，建房习俗中象征性的做法较其他地区更为突出。魏挹澧在《巫楚之乡，"山鬼"故家》一文中有第一手资料介绍，选录于下：

建房在基础稍加处理之后，先树"片"（即穿斗架）。上梁是整个仪式的高潮，梁木中最被重视者为一屋之大梁，对其倍加尊崇。选材多为同蔸簇生的杉树，砍伐时，午夜即起，在村上挑选八位"吉利人"，多为儿女双全、热心为公众服务、在村民中有较高威望者，其中常有技艺高超的木匠。砍木之先念咒语：

鲁班先生弟子在此请梁，此木生在昆仑山上，哪个见你生，地脉龙神见你生，哪个见你长，日月见你长，又不短来又不长，拿给主人好上梁，请八大金刚抬入主人房。

礼毕即砍树，树要使其倒向上坡，为吉。然后由八人抬回，号子声阵阵，浩浩荡荡，十分气派。抬回屋场（宅基地）忌讳搁在地上，而是安放在事先用红布装饰的木马上，开始画墨、砍平、刨光。次辰上梁时才砍梁口，并在梁的中部用锉刀刻一深约三分的小方孔，内放少许硃砂、茶叶、米等吉利物，然后用刻下的小方木块盖好，裹上红布，四角用铜线钉牢，梁木砍下的残渣，不得践踏或污染，要仔细收集，倒入河里。

梁木整理好后，准备上梁。前一天请人帮打糍粑，有的捏成不大的球状，当地称"它它"，以备抛梁粑用。这天除去互相帮工的人外，全寨男女老幼都来助兴，站在新屋场及附近园地上守"梁粑"。上梁仪式开始，大家自动肃静，木匠师傅攀梯上屋，每上一级颂唱一段词，直至中柱顶端。另有两人分别从正堂

[1] 刘克宗、孙仪主编：《江南风俗》，江苏人民出版社1991年版，第138—140页。

两边中柱顶处抛下两匹红绸青罗，由地面人拴住梁的两端，静听木匠颂唱上梁歌，唱至"升梁"之词时，鸣响鞭炮，吹奏唢呐，帮忙上梁的人扯布提梁上屋顶，将梁搁置于堂屋两边的中柱顶。接着由木匠师傅抛糍粑，首先抛给主人，口颂"前门踢株摇钱树，后面踢个聚宝盆"，然后再向四面八方抛糍粑，边抛边唱："一抛东，子孙落到广寒宫；二抛南，子孙代代中状元；三抛西，子孙代代着紫衣……"东南西北抛完后，接着遍地开花，"它它"抛向四面八方。[1]

　　江南也好，湘西也好，不同建房风俗的背后，祈求平安、寄托愿望的目的是一致的。

建筑寓意

　　明清以来，江南经济迅速发展，走在中国的前列，首先产生了资本主义生产方式。商品经济发达，官僚聚集，他们置地建宅，留下了一大批有规模的民居。

　　南方炎热，住宅屋檐深挑，室内高敞，以利隔热通风。天井则尽量狭小，避免过多阳光射入，升高宅院温度。为满足用房需求，苏州住宅一般采用纵深式平面布局，共布置若干进，每一进设房屋三间左右，配以浅小的天井或庭院。这样，房间数与北京四合院相等情况下，光照量却小得多。由于宽度较窄，屋内高敞，取得较好的拔风效果。特别在炎热的夏天，自然风经过窄长阴凉的住宅通道，迅速降温，使居住者获得大量低于自然风的凉风。

　　较富有的宅主安排轿厅、花园和楼房。在中轴线上安排次序为：大门、轿厅、客厅、正房（或楼房）。轴线两侧安排花厅、书房、卧室和花园。所以，苏州城镇民居都具备相当规模，富庶人家更是讲究装饰，体现身份。

　　建筑象征符号较集中于附件和装修。如每一进门楼上的砖雕；房身上的泥塑；门、窗、梁的木雕；各类金属建筑附件及用具的纹饰。这些雕刻装饰象征主人的志趣爱好、人品抱负及驱邪祈福的愿望。苏州东山春在楼是一个典型例子。

　　春在楼集苏南建筑雕饰艺术于一身，楼体布满雕饰，因此得美名"雕花大楼"，被奉为"江南第一楼"。现为江苏省重点文物保护单位。通过春在楼，可以详细了解江南民居建筑附件和建筑装修中的象征寓意。

---

［1］ 李长杰主编：《中国传统民居文化》三，中国建筑工业出版社 1995 年版，第 78—84 页。

春在楼占地 5000 多平方米，耗资 3741 两黄金，用工 26 万多人，费时三年（1922—1925 年）。建成后，共有大小房间近百间。春在楼坐西向东，沿中轴线布置影壁、门楼、前楼、中楼、后楼和观山亭。前楼和后楼两侧布置厢房，每一进设天井。

布满象征图案的雕花楼

门楼外向，浮雕灵芝、牡丹、菊花、兰花、石榴、佛手等吉祥植物。古书中记载灵芝生长于东海中的仙岛上，有起死回生的功效，被看作长生不老的仙草。绘画中鹤嘴衔一株灵芝，象征长寿。灵芝还有性兴奋的药用功能。魏晋时期医学家皇甫谧曾亲自体验灵芝的药力，因而，绘画中灵芝又出现在鹿嘴上，"鹿"谐音"乐"（苏州方言），鹿与灵芝象征快乐。

牡丹，花朵重瓣体大，花容艳丽，形态华贵，有花王之称。长期被宫廷引种，因而象征富贵。宋代周敦颐《宋濂溪·周元公先生集·爱莲说》："自李唐来，世人甚爱牡丹……牡丹，花之富贵者也。"有人更是题诗赞曰："落尽残红始吐芳，佳名唤作百花王，竟夸天下无双艳，独占人间第一香。"长期以来，牡丹地位崇高，被看作中国国花。牡丹花被奉为国花，与一则传说有关。清代小说《镜花缘》中写到，武则天在冬天突然想赏花，下诏令百花第二天同时开放。慑于女皇威仪，宫苑内百花果然竞相开放，飞雪之中春意盎然。惟独牡丹枝芽冷落，傲然抗命。女皇下令焚烧牡丹，逐出宫苑花圃。这则传说象征牡丹卓尔不群的高傲品格。图案中，牡丹与芙蓉画在一起，象征荣华富贵；与海棠画在一起，表示光耀门庭；与桃、松树、石头在一起，寓意"富贵长寿"；与水仙花一起，象征神仙富贵；与十个钱画在一起，叫作十全富贵。

佛手是柑橘类水果，产于福建广东一带，冬季结果。其色泽金黄，香味浓郁，形状如手指张开的纤巧玉手，使人想起大雄宝殿释迦牟尼的手势，故称"佛手"。"佛"字谐音"福"字，象征幸福。绘画中与桃、石榴一起名为三多图，象征多福、多寿、多子。

兰花为淡紫色，姿态婀娜，香气优雅，象征美丽女子。年青姑娘住房称"兰室"。兰花又象征高尚，《易经》中说："二人同心，其利断金，同心之言，其臭如兰。"屈原《九章·悲回风》："故茶荠不同田亩兮，兰茝幽而独芳。"高尚的品格使人习惯把它与梅、竹、菊放在一起，称"四君子"。

门楼内向有砖雕"八仙庆寿图"，表示吉祥。神话说在昆仑山中居住一位女神仙，俗称王母娘娘。她拥有不死之药，还掌管仙桃园。桃子三千年熟一次，届时三月三日设蟠桃会宴请各路神仙，民间熟知的八仙：吕洞宾、汉钟离、李铁拐、韩湘子、何仙姑、蓝采和、张果老、曹国舅那天各携宝贝赴宴庆寿。

八仙庆寿图下浮雕10只形态不一的鹿。鹿在方言中谐音"乐"，普通话又谐音"禄"，象征快乐和发财。再下面雕"郭子仪做寿图"。郭子仪是唐朝重臣，借回纥兵，平定安史之乱。他生有7个儿子，8个女儿，无疾而终。画面描写了子孙满堂的祝寿景象。郭子仪被看作福、禄、寿、子、乐集于一身的吉祥人物。

门楼顶端正中塑万年青，象征万年永昌。万年青下塑鳌鱼，意独占鳌头。两边一对蝙蝠，寓意洪福齐天。再有天官赐福和恭喜发财两个天官。天官旁边是龙头鱼身塑像，寓意主人龙门跳过，事业有成。

左右两端又有浮雕"尧舜禅让"和"文王访贤"故事，分别寓意"明德"和"礼贤"。

再下面平台上有三根望柱，雕刻内容为"福、禄、寿"。寓意"三星高照"。平台栏杆上雕四只玉兔，兔子在中国传统文化中与月中嫦娥相伴，为仙界动物，有吉祥之意。

平台下端装饰万字形挂落，象征福寿绵长。垫拱板上透雕双喜、古磬、如意，象征双喜临门，喜庆如意。五寸宕两端外葫芦图案，取葫芦多子意，象征子嗣昌盛。

门楼南侧浮雕锦鸡荷花，寓意"挥金护邻"，北侧浮雕凤穿牡丹，寓意富贵双全。两旁垂柱上端浮雕和合二仙，象征和谐好合。

门楼两侧厢楼山墙上，开八角窗，左窗上方塑和合二仙，右窗上方塑牛郎织女，寓意百年好合，终年相望。围墙上又开四扇漏窗，图案用板瓦筑"百花脊、果子脊"，寓意花开四季、多子多孙。

过门楼，到前楼。前楼屋脊东侧中央置聚宝盆，左右塑万年青。室内承重搁栅雕福、禄、寿三星、八仙过海、和合二仙、万年青等图，都象征吉祥。

前天井门窗用铜质钮，为双桃形图案。下槛用蝙蝠形销眼，寓意伸手有钱，脚踏福地。天井四周饰有葡萄、卷叶、绶带、挂落，寓意源远流长。

主人金锡之，东山本地人，在上海经商棉纱，获得很大成功，拥有巨额资财，但他从没进过官场。在主楼大厅梁上，雕刻古代官帽，象征自己富贵可比官家。

除此之外，春在楼还雕凤凰172只，合86对，谐音"百乐"。花篮120只，合60对，寓意六六顺。狮子9只，合8对，寓意"发"。还有二十四孝、二十八贤等故事以及无数瑞兽祥鸟吉利图案雕于建筑各个部位。身处春在楼，脚踏铺地、门坎、手推门窗，起居行坐，触目之处，无不象征图案。

雕刻大楼的丰富象征义，通过伶牙俐齿的本地导游小姐讲出，连贯而有趣：

看完砖雕、木雕、金雕，主要记住六句好话，第一句话是门上的钱币形拉手，"伸手有钱"；第二句话是门槛上的蝙蝠，"脚踏有福"；第三句话"抬头有寿"，就是门楼上的"蟠桃会"、"八仙庆寿"；第四句话"回头有官"，里面的官帽厅显示做官人家的气派；第五句话"出门有喜"，请看门外照壁上刻有"鸿禧"两个字；最后一句"进门有宝"就是主楼门楣中间的"聚宝盆"。这六句话内包含着"福、禄、寿、喜、财"五个字。[1]

春在楼有两个明显特征：一是布置主要涉及祈福内容，避邪内容极少。建筑坐西向东，与风水术无关，反映主人事业成功后的自信。二是福禄寿喜财主题突出，与商人身份及目标一致。因而春在楼象征着商人的精神世界。它有别于苏州

---

[1] 潘新新：《雕花楼》，哈尔滨出版社 2001 年版，第 165—173 页。

城内的古典园林，古典园林象征的则是文人的精神世界。

三、集体文化：公共建筑

公共建筑的特征是公共性，既不属于官家，也不属于个人。由于处于公共场所，反映出官家与私人以外的第三种文化状态，折射出人类文化一个重要侧面，蕴含了一个民族的社会习俗、集体意识，建筑文化只有包含公共建筑文化，才算完整。

桥：巫术与宗教信仰的实践

江南水乡，桥特别多，同样嵌入了许多文化含义。桥梁是两地的连接物，具有供行人由此及彼的交通功能。由于桥梁连接此岸与彼岸，行人过桥意味着空间转换的完成，这种现象为精神世界借用，构成特殊的意象。在精神世界，桥意味着人事转折并向美好愿望方向发展。在佛教中，更有特殊的涵义。

走桥习俗　如农历正月十五，汉族有过桥求生育习俗，求生育妇女在这天晚上走街串巷，凡桥必过，过桥时要用手抚摸栏杆或捡桥面上砖块，以获取生育能力。许多地方又有农历正月十六连续走过三座桥，以此避瘟神和祈求新年顺利。许多地方又有农历正月十六连续走过三座桥，以此避瘟神和祈求新年顺利。

宗教解释　桥的象征义更多地为宗教利用，宗教界借用桥梁由此及彼的意象，把桥视为象征凡俗世界进入神界的标志性界线物。道教的鬼系统中有座奈河桥，守桥神灵叫"血河大将军"，两侧配有日游神和夜游神。奈何桥是进入鬼世界的第一道关卡，桥下阴森可怖，爬满了可怕的虫蛇，生前作恶太多的人将掉入桥下受惩罚。信仰者拜鬼神时，先在奈河桥前烧香焚纸，求死后神灵保佑顺利过桥。佛寺大雄宝殿前的香花桥和三世佛背面海岛观音塑壁上的仙桥，是进入神界的象征性标志。

台湾是保存传统文化习俗较多的地区，虽不属于江南，但是台湾人现在每年还在走桥，也许从中能看到江南人走桥的历史背影。

台湾人对桥的神秘魔力的迷信达到了顶峰，台南县每年举办大规模的过七星桥活动。七星桥也叫七星灯或平安桥，也有称呼为"祥龙桥"、"金龙桥"，该活动真正的全称是"七星桥解运消灾大法会"。传统做法是经过一套仪式步行过七星桥以获神佑平安。北斗七星的概念由"五斗星君"而来，即东南西北中五方斗宿，台湾人认为"星神就是文官武将的神魂"，故顶礼膜拜。七星平安桥是座木桥或铁皮桥，传统的七星桥外观是有栏平桥或拱桥，七个台阶象征七星，桥面样式按五行五方铺设画有符箓的"五色布"，为青、红、白、黑、黄，台南市鹿耳门天后宫则用全黑布，取北方玄武黑帝之意。整座七星桥缀满彩球、彩灯或宫灯、黄纸、符纸、八仙彩及写有星名的三角形"北斗七星旗"，桥顶一般不布置，隆重的则盖上五色布、七色布或大红布。

　　桥头设龙门作为入口，桥尾设虎门为出口，寓意除魔驱邪、纳福消厄。门前放一生炭烘炉，供行人跨步，可以辟邪净身。桥头尾两柱书写对联，增强气氛，如台南市土城圣母庙七星桥的对联为：

佛圣法刀消灾厄隆祯祥合家平安
桥登心静除凶星布退福满门吉庆
七星驱邪佑平安
法桥步上消百劫

台南县北门乡蚵寮保安宫七十七年"戊辰三朝王醮"的七星桥对联为：

保我步桥赐百福
安心礼佛庆消灾

台南县北门乡永华村兴安宫七十八年初"谢土"时的七星桥对联为：

兴邦国龙门桥多渡众
安心神虎口架见消灾

台南县麻豆镇南势里义衡殿七十七年"戊辰七朝清醮"的七星桥对联为：

金光灿烂添富贵

祥龙飞舞兆丰年

桥下正中央依北斗七星的方位排列七盏油灯（或蜡烛），斗柄朝北，灯芯朝外，长燃不熄。油灯两旁依次陈列四果、酒和小三牲，桥头熟食供神明，桥尾生食供星神。四周用布块、木板圈围，严禁闲人打扰。香案的位置各地不同，香案上供祀庙宇主神和具有招神最高法力的"五雷号令"配合七天真君，增强神力。

祭桥或安桥的仪式，有道士、乩童、手轿、四轿主祭等多种，除了道士、"红头仔"尚有念咒安符请神，其余都仅作绕桥和上桥仪式，主祭者过桥后表示"好星招降临，歹星走离离"，跟着就开放通行。

过桥仪式有几个步骤：

（1）烧金点香拜神明。

（2）缴费领取解厄纸。解厄纸即解运纸，象征解运者的本命元神，亦即以纸人作为"替身"，缴费统一价格有50元和100元两种，"自由乐捐"的"添油香"者另外自定数额。

（3）跨过烘炉过龙门。

（4）漫步过桥拜星神。循桥而上，一一点头或躬身祭拜代表星神的"北斗七星桥"。

（5）步出虎门跨烘炉。由虎门走出，再跨门前的烘炉，以求"红焰"永远旺盛。

（6）解运消灾报平安。主持解运者一面以手中法器在善信身体前后上下擦拭、围绕，接着在厄纸上哈气，一吐往日的秽气，最后再接受代表主神的手擦点香增强神力。

（7）衣盖神印喝符水。解运后，接受庙中神职人员在衣服上盖主神红印，以示神明永随在侧，然后喝一杯含有香灰的符仔茶。

（8）香火过炉添香油。最后领取"符仔纸"或"香火袋"，在神坛的香炉上绕三圈，以示"过炉"符著神力，携身保平安。

走过七星桥后，在桥尾坛前接受道士的解运。道士头戴黄色道帽，身穿黄色道袍，一手拿拂尘，一手执五营旗，解运时一面挥动五营旗在信徒身体前后或所持衣物上下作法，一面口念解厄咒："奉请天解官天厄；地官解地厄；水官解水厄；火官解火厄；四神解四时厄；五帝解五方厄；南神解本命厄；北斗解一切厄，敕！"

"敕"时，挥动拂尘绕头一圈，以扫信徒霉运，由信徒张口在解厄纸上哈气，吐光此前所有秽气，最后香火袋绕香炉三圈行过炉仪式而结束。

家喻户晓的牛郎织女故事也与桥象征相关。故事说凡间有一贫苦孤儿，以放牛为生，备受兄嫂虐待。但他勤劳忠厚，一天，貌美善织的仙女（王母娘娘的外孙女），下凡在河中洗澡，牛郎在老牛帮助下，拿走织女衣服，最后两人发生爱情。婚后男耕女织，生下一儿一女，生活十分幸福。天帝获悉大怒，将织女捉回天庭。牛郎情急之下，披上牛皮随后追去，半路被王母娘娘拦住，并用金簪将夫妻二人划在银河两边。每年七月七日夜晚，银河两边由许多喜鹊搭起一座桥，供牛郎织女相会。颐和园十七孔桥两岸以此故事为蓝本布置。鹊桥象征夫妻分居，相会困难。

桥在风水术中有特殊意义。风水术严禁住宅西北方向架设桥梁，认为桥对住宅形成冲克，会使家人怯弱或财产损失。《阳宅十书》写道："一桥宅厅前，左右相同后亦然，不出三年并五载，家私荡尽卖田园。"相反，个别方位建桥却能招福，如南面有桥不忌，东面有桥人家平安。村镇水流入口处更要架桥，用来关锁"生气"，为全村镇风水之关键。苏州角直唐朝诗人陆龟蒙的墓地，在两侧各建有小砖桥一座，这是明代根据风水先生指点增设，认为如此可改善风水，使后代荣华富贵。

中山陵：民族革命印象

中山陵位于南京紫金山南麓，是中国民主革命的伟大先驱者孙中山先生的陵墓。紫金山一带，山峦重叠，蜿蜒起伏，当年诸葛亮看后，曾赞叹道："钟山龙盘，石城虎踞，真帝之宅。"后明朝朱元璋就在南京建都，并建陵墓于紫金山麓，是为明孝陵。

1912 年，孙中山辞退临时大总统，一日，约胡汉民等人出游，经过紫金山麓时，深觉气象不凡，不禁对胡汉民等人说："待我他日辞世后，愿向国民乞此一抔土，以安躯壳尔。"孙中山逝世后，国民党决定，遵照孙中山遗愿在紫金山麓兴建中山陵，供世人瞻仰。

警世钟 中山陵平面形似一口大钟，设计者吕彦直在他撰写的设计说明中说："其范界略呈一大钟形。"[1]评委们对此大感兴趣，李金龙说："适成一大钟形，尤为有趣之结构。"[2]另一位评委凌鸿勋在评判报告中也提到这点，他写道："且全部平面作钟形，尤有'木铎警世'之想。"[3]吕彦直设计方案中的平面象征义成为中标的重要原因之一。孙科在向国民党二大报告关于中山陵建造筹备情况时特意介绍说，陵墓形势，鸟瞰若木铎形，中外人士之评判者，咸推此图为第一。

大钟形平面，恰好在寓意上与中山陵内容相合。孙中山先生革命生涯中始终为"唤起民众"奔走呼号，警醒世人，领导国人摆脱落后。他领导的一系列革命活动，充满了曲折，经常告诫大家："革命尚未成功，同志仍须努力。"钟形平面象征"警钟长鸣"。

中山陵建筑的民族风格象征中华民族精神。《征求陵墓图案条例》强调祭堂经采用中国古式而含有特殊纪念性质，其他不可与祭堂建筑风格悬殊太大。整个建筑除墓室借鉴西洋做法，其他如祭堂、牌坊、陵门、碑亭、华表、石狮、铜鼎等建筑都富有民族特色。中山陵建筑和孙中山先生一样，象征中华民族的精神。评委凌鸿勋把中山陵看作具有政治意义的象征物，他说："窃以为孙中山先生之陵墓，集吾中华民族文化之表现。世界观瞻所系，将来垂之永久，为近代文化史上一大建筑物，似宜采用纯粹中华美术，方足以发扬吾民族之精神。应采用国粹之艺术，施以最新建筑之原理，恐（巩）固宏壮，兼而有之，一足以表现孙先生笃实纯粹原（？）之国性，亦足以留东方建筑史上一纪念也。"[4]

中山陵许多建筑部分也具有象征义。从碑亭到祭室，花岗石石阶共290级，分八段，上层由三段组成，下层由五段组成。三段象征三民主义，五段象征五权宪法。《大中华文化知识宝库》一书说石阶共312级，象征孙中山3月12日忌日（计数法不一样）。陵门设三拱门，同样象征三民主义。祭堂有黑色石柱12

---

[1][2][3] 南京市档案馆、中山陵园管理处编：《中山陵档案史料选编》，江苏古籍出版社1986年版，第51页。
[4] 孙中山先生葬事筹委会编：《孙中山先生陵墓图案》，1925年10月印。

根，象征一年 12 个月。陵门以青色琉璃瓦作顶，青色与国民党旗帜青天白日图案寓意一致，象征清明。陵门前一对石狮，象征守卫；平台上置铜鼎，象征革命政权。

总之，中山陵采用现代材料和传统建筑元素结合方法，与孙中山领导的民族革命正好一致，亦中亦西，恢宏瑰丽。

四、镶嵌性文化的江南建筑

建筑被誉为"凝固的音乐"、"立体的画"、"无形的诗"和"石头写成的史书"。存留下来的建筑见证了人类文化的方方面面，当然也包括性文化。本章从建筑遗存中的性文化表现、公共性文化建筑、私密空间、贞节牌坊等四个方面阐述江南建筑与人类性文化。

建筑遗存中的性文化表现

人类性文化与建筑表现　原始人类的基本活动集中于生产活动和性活动，所谓食色性也，反映人类基本的本能需求，许多原始民族的语言中，吃和性交都用同一个词表达。性能力关乎到氏族繁衍，性崇拜出现在那个时代就不足为奇了。古代巴比伦城巨塔里面供奉的高大性交偶像、南美俯拾皆是的印第安人的性交崇拜图画、印度的卡久拉霍（Khajuraho）性爱神庙……性崇拜文化遍及全球早期人类的遗迹之中。

人口繁衍价值取向为我们留下了生殖器崇拜遗物和遗迹，乃至现实生活的行为，例如巴西印第安人通常裸露生殖器。《圣经》也有反映古人对生殖器的重视，《旧约·申命记》第二十五章记载："若有二人争斗，一人的妻前来握住打她丈夫的人的'下体'，要救丈夫脱离打他的人的手，你就当砍断那妇人的手，而不可怜恤她。"

在古代希腊和罗马的雕像中，都突出了男子的生殖器。古希腊的黑梅斯神像，就是木制或石制的男子阳具立像，竖立在路旁或树下，妇女奉之为怀孕神。意大利各处还将大阳具模型载在花车上，覆以花环，民众排成行列游行街市。

中国性文化与建筑表现　作为人口大国的中国，性文化十分丰富，汉唐强大和繁荣带来的自信，以及佛教中的欢喜佛影响，中国人的性观念表现出东方式从容，袒胸露乳形象十分常见。及至民间，更是自由，在建筑中留下了大量的性文化遗存。今天还可以看到保留完好的古代青楼、浴池和建筑构件等。贞节牌坊的出现与特定的经济形态有关，特别是晚清鼓吹妇女为亡夫守节，出自保全家族财产和势力目的，皇家敕封起到推波助澜作用。

公共的性文化建筑

人类从群婚到一夫一妻制，象征人类文明的进步，作为制度，表现了社会公共原则的制约性。然而，任何制约总会受到被制约一方企图突破的冲击，在一夫一妻（包括一夫多妻）制国家，总是存在某些不安于婚姻制约的人，于是公共性交易场所以性补充角色身份出现了。性交易虽然违背道德原则甚至违背法律，但是出于性商业的高额税收利益，得到了某些地方法律的认可或者地方政府的默许，在商业发达的国家和城市更是如此。

性建筑起源　妓院是人类进入父系社会以来的社会事实，已无可回避。据史书记载，中国最早的妓院始建于春秋时期的齐国，并由此成为中国妓院的滥觞，也成了古代城市不可缺少的公共环节。虽然妓院早已成为古代城市不可缺少的公共建筑，但在中国古代，却没有建筑学家专门研究妓院建筑的设计。倒是西方人把妓院的设计列为设计的重要篇章，法国18—19世纪建筑师勒杜（Ledoux Claude Nicolas），因为设计了一个平面呈男性生殖器形状的妓院，被称为"隐喻风格"和"表现主义"的先驱，说他开创了"会说话的建筑"先例。风流总被雨打风吹去，中国昔日红粉飘香的烟花柳巷早已成为历史遗迹。正是建筑的可保留性，残存下来与性文化纠葛的建筑，为我们提供了了解过去性文化的一个仅有的窗口，古代青楼就是一个实例。

古代青楼　青楼建筑风格大致是：建筑多为两层，既分隔又贯通，分隔适应隐秘的要求，贯通适应服务的要求；建筑重雕饰布置，通过艳丽布置营造欢娱气氛，大城市和商业重镇尤其如此。中国以外的东方国家妓院，虽然在建筑结构上与中国妓院建筑有所差异，但在私密性、服务性以及娱乐性三个功能方面大致相同。

青楼一词，原来的意思是用青漆粉饰的楼。清代袁枚《随园诗话》中说："齐武帝于兴光楼上施青漆，谓之青楼"，并指出："今以妓院为青楼，实是误矣。"可见，"青楼"起初所指并非妓院，仅仅是比较华丽的屋宇，有时甚至作为豪门之家的代称，《太平御览》、《晋书》和魏晋南北朝的许多诗文中的青楼都是这个意思，故三国时曹植有诗云："青楼临大路，高门结重关"，在汉魏时期，青楼应是褒义词。

由于"华丽的屋宇"与艳丽奢华的生活有些关系。所以不知不觉间，青楼的意思发生了偏指，开始与娼妓发生关联。最早称妓院为青楼则出自南梁刘邈的《万山采桑人》一诗，内有"娼女不胜愁，结束下青楼"。至唐代，青楼两种意义仍掺杂错出，甚至有一人之作而两意兼用的例子。如韦庄《贵公子》："大道青楼御苑东，玉栏仙杏压枝红"，与大道、高门相关，而与艳游、酒色无涉；而杜牧《遣怀》诗："十年一觉扬州梦，赢得青楼薄幸名。"《警世通言·杜十娘怒沉百宝箱》："（孙富）生性风流，惯向青楼买笑，红粉追欢。"《捣练篇》："月华吐艳明烛烛，青楼妇唱衣曲"，则指妓院。宋、元以后，青楼的偏指大行于世，反而成了烟花之地的专指，不过比起平康、北里、章台、行院等词更为风雅。清纪昀《阅微草堂笔记·槐西杂志四》："姬蹙然敛衽跪曰：'妾故某翰林之宠婢也，翰林将殁，度夫人必不相容，虑或鬻入青楼，乃先遣出。'"

中国古代妓院有许多别称，一、二等妓院的名字以"院"、"馆"、"阁"命名，如潇湘馆、莳花馆、松竹馆、环采阁、云良阁、鑫雅阁、满春院、美仙院、美锦院、新凤院、凤鸣院、群芳院、美凤院、贵喜院、怡香院、贵香院、聚千院等。三、四等妓院多以"室"、"班"、"楼"、"店"、"下处"命名。如金美楼、金凤楼、燕春楼、茶华楼、兰香班、泉香班、三福班、四海班、桂音班、金美客栈、久香茶室、双金下处、全乐下处、月来店下处等。青楼较之妓院的其他别称多了些许形象感和风雅气息。

明朝人张岱《陶庵梦忆》中记述了秦淮风月建筑："秦淮河河房，便寓、便交际、便淫冶，房值甚贵，而寓之者无虚日。画船萧鼓，去去来来，周折其间。河房之外，家有露台，朱栏绮疏，竹帘纱幔。夏月浴罢，露台杂坐。两岸水楼中，茉莉风起动儿女香甚。女各团扇轻绔，缓鬓倾髻，软媚着人。年年端午，京城士女填溢，竞看灯船。好事者集小篷船百什艇，篷上挂羊角灯如联珠，船首尾

相衔，有连至十余艇者。船如烛龙火蜃，屈曲连蜷，蟠委旋折，水火激射。舟中
镟钹星铙，宴歌弦管，腾腾如沸。士女凭栏轰笑，声光凌乱，耳目不能自主。午
夜，曲倦灯残，星星自散。"

　　江南几个尚可寻迹的古代青楼建筑是：

　　皤滩古镇春花院。位于浙江省仙居县城西约 25 公里处。早在公元 998 年前，
这里就因水路便利成为永安溪沿岸的一个繁华集镇，至今仍保存三华里长，鹅卵
石铺砌的"龙"型古街。春花院外墙上"色赛春花"四个字至今依稀可辨，院
内雕栏玉砌犹存。春花院有房三十多间，大小天井三个，后花园一个，占地五
亩多。春花院的建筑与古街上其他建筑不同，带有古代妓院的特色：正堂屋檐
下的地面上，用鹅卵石镶嵌成九个铜钿，环环相扣，暗示这里是有钱人来的地
方；中间一朵鲜花，暗示这里的姑娘十分漂亮。还有一种说法，这朵鲜花，象
征着姑娘的芳心，只要你有钱，就能得到她；正堂檐下的角柱上雕饰着双喜字
样，意思是你踩上脚下的九连环，得到小姐的芳心，你一定会大喜过望；正堂八
扇大门上的漏窗中心，都有一组雌雄配对的动物；中院厢房为喝茶听歌场所，相
当今天的包厢。梯形的天井用鹅卵石镶嵌成双狮争钱图案，后花园过道的天井
又是一幅九连环叠钱图案，其铜钿直径为一米以上；二楼有高及一尺的美人靠，
当年不少年轻女子曾在此倚栏卖笑，春花院磨损严重的地板记录了往昔喧闹的
场景。

　　花居雅舍。位于浙江省海宁县盐官镇。传说宋朝名妓李师师，在徽、钦二宗
被俘后，为金兵统帅阌懒所得，吞金簪自杀，后被一老尼救起，逃往浙江。期
间，李师师曾在盐官流落一年，开设"青花醉月楼"，教习歌舞，使盐官妓业兴
盛一时。后来，这座楼屡毁屡建，却始终保留了浓浓的脂粉气息。现存"花居雅
舍"为清代建筑。李师师虽为青楼女子，在金兵统帅面前却表现出坚贞气节。盐
官古镇还收容过董小宛和冒辟疆，冒辟疆所著《影梅庵忆语》记载两人曾在逃难
途中流落到盐官，居住过一段日子。至于二人与"花居雅舍"有否联系，则无史
可查。

　　花居雅舍为两进两楼的木结构建筑，前后各有一个天井，而前后两进房子，
无论楼上楼下，四周环通。花居雅舍修复后已开辟为青楼文化陈列馆对外开放，
两进分别布置"青楼"和"红粉"内容。第一进"青楼"部分主要展示与青楼及
青楼女子相关的内容，楼上楼下各两个厢房分别展示青楼与音乐、文学、名士、

历史有关的物件，底楼和二楼的大厅重现当年的公共娱乐场所的情景；第二进"红粉"部分主要展示青楼女子的生活场景，包括她们洗澡的浴室、敬神的场所、睡觉接客的房间等，同时还辟出有关性文化的陈列室。

浙江盐官青楼

私密空间

原始人类的居所，大部分都仅有单独一间，遮蔽简单。随着物质条件改善和文明进步，内部开敞的居住模式逐渐走向消亡，取而代之的是建筑走向功能分区，特别重视私密布置。私密空间相对于客厅、起居室、餐厅、厨房这些共享空间而言，特指浴室、卧室、梳妆间，建筑的私密空间出现是告别群婚制后一夫一妻制的必然结果。

浴室　世界许多地方有男女共浴的风俗，在当地人看来，男女共浴只是一种寻常的社会习惯。欧洲、中国、日本则有自己独特的洗浴文化，建筑为我们提供了性观念的记录。

中国公共浴室与性关联的记载似乎没有，只有唐代唐玄宗与杨贵妃共浴华清池的记载。在此借例说明。

华清池作为古代帝王的温泉浴室已有三千多年的历史,相传西周的周幽王已在这里修建离宫,后秦、汉、隋各代先后重加修建,到了唐代又数次增建,名曰汤泉宫,后改名温泉宫。因华清宫在温泉上面,所以也称华清池。有一建筑在冬天利用温泉水在墙内循环制成暖气,每当雪花飘舞时,到了这里便落雪为霜,故名飞霜殿,它曾是唐玄宗和杨贵妃的寝殿。华清池经历代战争,原来的建筑都已毁塌,现在建筑均按照历史记载于1959年重建而成。

华清池温泉共有4处泉源,在一石券洞内,现有的圆形水池,半径约1米,水清见底,蒸汽徐升,脚下暗道潺潺有声,温泉出水量每小时达113吨,水无色透明,水温常年稳定在43度左右。水源眼中的一处发现于西周公元前11世纪—前771年,另外三处是新中国成立后开发的。水内含多种矿物质和有机物质,有石灰、碳酸钠、二氧化硅、氧化铝、硫磺、硫酸钠等多种矿物质。骊山温泉、千古涌流,不盈不虚。温泉水不仅适于洗澡淋浴,同时对关节炎、皮肤病等都有一定的疗效。沐浴场所,设有尚食汤,少阳汤,长汤,冲浪浴等高档保健沐浴场所,经不断扩建,现浴池建筑面积约3000平方米,各类浴池一百多间,一次可容纳近400人洗浴。

"海棠汤",俗称"贵妃池",始建于公元747年,因平面呈一朵盛开的海棠花而得名。杨贵妃在这浴池中沐浴了近十个春秋。"莲花汤"是玄宗皇帝沐浴的地方,占地400平方米,是一个可浴可泳的两用汤池,充分显示了至高无上、唯我独尊的皇权威严。改建的池底有一对双莲花喷头同时向外喷水,并蒂石莲花象征着玄宗、贵妃的爱情。"星辰汤"修建于公元644年,是唐太宗李世民沐浴的汤池,池壁模仿自然界山川河流的造型修建。传说原为露天,沐浴可见天上星辰,故名"星辰汤"。"太子汤"是专供太子沐浴的汤池。"尚食汤"是专供尚食局官员沐浴的汤池。

据记载,唐玄宗从开元二年(714)到天宝十四年(755)的41年时间里,先后来此达36次之多。唐代诗人白居易在《长恨歌》中用"春寒赐浴华清池,温泉水滑洗凝脂。侍儿扶起娇无力,始是新承恩泽时"的诗句,来描写杨贵妃在芙蓉汤沐浴后的娇态。

江南公共浴室很多,但供男女共浴的浴室尚未见有。

卧室 卧室是供人睡觉、休息或性生活的地方。据统计,已婚夫妻93%的性活动时间是在自家卧室中度过,为此卧室的私密性很重要。卧室要求安静、隔音，须采用吸音性好的装饰材料；门上最好采用不透明的材料完全封闭。卧室装修布置体现以下共同特点：装修风格简洁。卧室属私人空间，不向外人开放，所以卧室装修简洁实用；色调、图案搭配和谐，装饰材料偏暖色调，给人以欢快、喜庆、典雅、温和的感觉；照明多用黄色的灯光给卧室增添愉悦浪漫情调。

从性心理学角度讲，夫妻对卧室环境要求有安全感、温馨感和有性刺激的布置。古代新婚嫁妆中会有一些性生活启蒙的书画，如汉代新婚卧室的屏风后挂与性相关的字画；妻子用的铜镜后面有性交图样；还有各种性交姿势图例的房中术书籍放在新娘的嫁妆中，以此作为性生活引导，至 19 世纪，春宫图卷仍是新娘嫁妆的一部分。

卫生间　厕所来源于古语，厕同侧，所以厕所修在院子的最边处。古人上厕所叫如厕，这一叫法沿用至清朝。洗手间和卫生间只是现代人文明的说法。

性研究发现，性快感与美感的发生一样，来源于"异"，所以卫生间有时也会成为人类性行为的场所。2007 年 6 月美国联邦参议员拉里·克雷格在明尼苏达州明尼阿波利斯—圣保罗国际机场的卫生间涉嫌做出"猥亵行为"，当场遭便衣警察逮捕。这个事件从一个侧面说明，卫生间也可能成为人类发生性行为的地方。

贞节牌坊

牌坊是古代官方的称呼，俗称牌楼，是中国纪念性建筑，贞节牌坊则是中国性文化的标志性建筑。据考察分析，牌坊在周朝的时候就已经存在，旧称"衡门"。《诗·陈风·衡门》："衡门之下，可以栖迟。"可以推断，衡门——以两根柱子架一根横梁的结构至迟在春秋中叶已经出现。贞节牌坊则是从一个侧面记录了所在时代的性文化片段。

封建社会妇女为夫守节陋习，自宋朝中期以后开始盛行，明、清愈演愈烈，成为中国历史上禁欲最甚、对女子性压迫最严重的时期。宋朝中期的程朱理学实际上是推手，《近思录》有一段记载："孀妇于理，似不可取；如何？"伊川先生（即程颐）曰："然，凡取以配身也，若取失节者以配身，是己失节也。"又问："人或有居孀贫穷无者，可再嫁否？"曰："只是后世怕寒饿死，故有此说。然饿死事极小，失节事极大。"归结为一句话就是"存天理，灭人欲"。

统治阶级大力提倡女子为夫守节，编写"女子读物"如《内训》、《训女宝箴》、《古令列女传》、《闺范入》、《母训》等；明太祖朱元璋颁布中国有史以来第一个嘉奖贞节的特别命令，规定"凡民间寡妇，三十以前，夫亡守志，五十以后，不改节者，旌表门间，除免本家差役"。《大明会典》卷七十八《族表门·大明令》中规定许多奖励形式，如立贞节牌坊、烈女祠，甚至以"诰命"褒奖"相夫教子"或"立节完孤"的女子。

安徽歙县贞节牌坊　歙县，古称徽州，是徽州文化的发祥地。歙县牌坊是徽州文化的重要遗存，据不完全统计，自唐至清，歙县建有牌坊140余座，为全国罕见。目前，保存完好的牌坊仍有80余座，其中著称于世的节孝坊35座，忠义坊30座。这些牌坊表面大同小异，细察则各具特色，形象各异，有冲天柱、两柱、四柱，也有八柱。由于造型优美，与徽州的古祠堂、古民居被人们誉为徽州三绝。

中国安徽歙县棠樾贞节牌坊群

据《民国歙志》记载，徽州妇女节烈之风尤甚，有"相竞以贞，故节烈著闻多于他邑"之说。在安徽歙县棠樾村，明清时成功的商人集中出现，有的甚至成为世袭的官商门第，"上交天子"，"藏镪百万"。这些富商出巨资在棠樾故里，大量修造宗祠和牌坊，维系宗族势力和秩序，光宗耀祖。

在棠樾村东端甬道上，井然有序地屹立着七座牌坊，蔚为壮观，这七座牌坊中，明代三座，清代四座。每座高 11 米，宽 9 米左右，均为明清时代徽商大贾鲍氏家族所建。牌坊义为中心，按忠、孝、节、义顺序展开，都有皇帝御表，一律青石结构。每个牌坊按内容刻有"脉存一线"、"立节完孤"、"矢贞全孝"、"节劲三冬"等字，反映儿子为母亲守节事迹的表彰。《民国歙志》记载，棠樾家族入志的烈女竟然高达 59 位。

贞节牌坊有维系社会稳定和家族秩序，以及防止家族财产流失的特殊作用，因此受到上至朝廷、下至家族的格外重视。

五、涵义丰富的装修及附件

相对而言，装修和建筑附件是较直观地反映生命愿望和等级的部分，它不像数字、方位那样高度抽象，而是以具象的方式表达，一幅图案或一件东西背后总有故事或传说作寓意。内容集中于房主最关心的三类问题：防火、驱邪、吉祥。

象征防火

传统建筑都是砖木结构，失火事件频频发生，防火成为古代人考虑的首要问题。建筑许多部位出现象征性布置，希望借助神秘力量遏制火灾。

脊饰　鸱是一种海洋生物，《唐会要》中说："汉柏梁殿灾后，越巫言海中有鱼虬，尾似鸱，激浪即降雨，遂作其像于屋上，以厌火祥。"西汉时用作脊饰。脊饰作鸱尾激浪降雨状，象征压火。

悬鱼　古建筑悬山、歇山顶的山尖部分设博风板，刻鱼形和水草图案象征水，叫"悬鱼"和"惹草"，以压火。

藻井　宫殿、寺庙或重要建筑室内顶棚常装饰成井字凹进面，并绘上水草，

脊饰象鱼尾激浪，象征压火　　　　　　　　用金属做门扣，相信金生水可以压火

象征水并压火。

金属构件　五行说认为金能生水，建筑多用铜柱、铜泄水漕溜、铜门楣、铜铰链等金属构件象征压火。

象征驱邪

古代人不能解释某些现象，陷入宗教迷信之中。他们特别畏惧鬼魂和其他神秘力量作祟，祈求平安免遭横祸成为生命中的一件大事。与人生活密切的住房，安排各种符号图案甚至建筑附件表示驱邪。

山墙　是双坡屋面房屋两侧上部墙面，呈山尖形，用以搁置檩条。用于隔火时，叫封火墙。许多地区把山墙做成金、木、水、火、土五种星形，星形的选取，按阴阳五行相生相克原理，视房屋周围环境和房屋方位而决定。取山墙星形象征驱邪祈福。

兽环　即门环，相传鲁班在河边等候螺从壳中钻出，把它画下来，但螺始终紧闭不出，也无法打开，鲁班受到启发，用螺的头形做成门环寓意大门紧闭保险。后人又做成虎、螭、龟、蛇等各种形象，借其寓意镇宅辟邪。虎，《风俗通义·祀典》："虎者阳物，百兽之长，能执搏挫锐，噬食鬼魅。"汉唐画虎于门，以镇妖邪。螭，山神兽形，若龙而黄，被奉作辟邪神物。宋祁《笔记》卷上：

视房屋五行情况选取山墙星形，象征驱邪祈福。

"会天子排正仗，吏供洞案者，设于前殿两螭之间，案上设香炉。"龟和蛇象征吉祥和保护平安。

石敢当 若家门正对桥梁、路口就要立一石碑，上刻"石敢当"三个字，可以禁压不祥，防止凶煞长驱直入家门作祟。除此也立于沿海、山区作平浪、压风之用。

门扣用猛兽形象借以驱邪护宅

民间传说在皇帝时代，蚩尤联合南方苗民企图推翻黄帝。蚩尤有 81 个铜头铁额的兄弟凶猛无比，头角所向，玉石难存，黄帝迎战屡遭失败。一日蚩尤登泰山，自称"天下谁敢当？"女娲遂投炼石以制其暴，上镌"泰山石敢当"。于是黄帝遍立泰山石敢当，蚩尤军队胆战心惊，望石而逃，终于兵败涿鹿。民间还传说石敢当为一人名，山东泰山人氏，他胆大勇猛，善捉妖邪。四方乡邻请其捉拿妖邪，石敢当应接不暇，遂想出石刻其名立于当冲处辟邪。

石敢当考证出自西汉黄门令史游的《急就章》，唐颜师古注解释说："敢当，所向无敌也。"又宋王象之在其书《舆地纪胜》中指出，石敢当用来"镇百鬼，压灾殃"，可使"官吏福，百姓康，风教盛，礼乐强"。石敢当制成石碑状，尺寸在《鲁班经》中有记载：高四尺八寸，宽一尺二寸，厚四寸，埋入土中八寸。上刻"石敢当"或"泰山石敢当"字样，沿海地区常有"止风"、"止煞"字样。其他也有刻"太极八卦"、兽头等图案。立石敢当必依《鲁班经》而作：

> 凡凿石敢当，须择冬至日后甲辰、丙辰、戊辰、庚辰、壬辰、甲寅、丙寅、戊寅、庚寅、壬寅，此十日乃龙虎日，用之吉，至除夕用生肉三片祭亡，新正寅时立于门首，莫与外人见，凡有巷道来冲者，用此石敢当。

门神 门神有很多，但不出驱邪、祈福两类。北京民居院门口的武将门神多为唐代名将秦琼与尉迟恭。传说唐太宗即位后，身体极差，夜间多做噩梦。常见群魔在寝殿内外抛砖扔瓦，凄厉呼叫。群臣建议让元帅秦琼与大将军尉迟恭二人每夜披甲持械守卫于宫门两旁，果然，太宗不再梦见闹鬼。太宗念秦琼，尉迟恭二将日夜辛劳，便让宫中画匠绘制二将戎装像，怒目发威，手持鞭锏，悬挂于宫门两旁。后流传民间，人们在画像两边添加一副对联："昔为开国将，今作镇宅神"，与画像一起贴在门上，镇守宅门。

门神驱邪

门神在台湾与灶神同列为民间祭祀的对象。门神的职责是看门护家，拒绝邪恶进门，被画成双目怒视、左手握大刀、右手攥拳的武士形象。最早的习俗是把一块桃木放在门上作为门神，古人认为桃木能驱邪逐鬼，用桃木铸剑就可以斩妖除魔，门上挂块桃木即可保全家平安，这块桃木人称"桃符"。这一信仰的产生与一则传说有关。据说上古时候，东海度朔山上有一棵巨大的桃树，蟠屈千里，桃树北边是鬼门关，阴间鬼魂都从这里出入，玉帝派神荼、郁垒两兄弟守候门前，他们身穿胄甲，一手持长矛，一手拿芦苇绳，立在桃树下审查百鬼，抓坏鬼出来喂虎，不让转世骚扰民间。人们据此用桃木板刻成两尊神像，或刻上两神名字挂在大门上以求平安，这是桃木避邪的来历。后来为求省事，把两神直接画在门板上，再后来干脆印在纸上张贴。有的人家穷得连纸画也买不起，就在除夕晚上用一把扫帚、一根黑炭棒顶在门后，让鬼以为是秦叔宝和尉迟恭黑白二神，不敢进屋作祟。

门神的形象很多，还有如钟馗、穆桂英、四大天王等。台湾的保生大帝、关帝庙的门神多为太监，称为"双护太监"。衙署的门神是"朝官朝将"，朝官手捧爵、鹿、冠、簪花，武将手捧蝙蝠、马鞍，意思是加官晋爵。

与其他神祇相比，门神所受礼遇较差。每逢新年，户主买一张新画像，把旧的撕掉，然后贴上就算完事，所谓"旧桃换新符"，没有供品也没有鞭炮迎送。有一剧本写到门神神荼和郁垒满腹委屈地在玉帝前哭诉：

> 臣本是唐朝两员大将，唐王他游地狱，才把门神来当，奉旨守候在官墙，如今为什么要到家门前去站岗？大户家的门神差使倒好受，小户家的门神爷最难当。……醉鬼回了家，防着他的脚踹，毛贼要剁门，可差一点儿开了我的膛。白天把我倒推出去，夜晚哪蹬在屋里，我的脊梁就靠着一道墙。未到半夜，拿我搭铺，两条板凳把门神你给支撑。更不该溺盆子放在肩膀上，又骚又臭，阴湿带冰凉，睡着睡着霎时候抵乱响，为臣我留神瞧两个人儿唱双簧。为臣我请旨开缺要告假，望求玉帝你哪儿另选个栋梁。

影壁 据说，厉鬼只会直线行走，为了避免厉鬼长驱直入家门，就在正对宅院大门的对面建一壁面阻挡。其实，影壁更多的是阻挡外人窥视，专制制度下防人甚于防鬼，围墙上唯一的洞门令主人感到不安，立影壁加以屏障，起到填补大门——围墙缺口的作用。因而，影壁是安全心理的外化表现。由于客人出入第一眼看到的就是这座壁面，主人十分重视装修。主要装点部位为壁心，这部分由斜置的方砖贴砌，雕刻内容多以四季花草、岁寒三友、福禄寿喜为题材，在中心花部位还常附砖匾，其上刻"吉祥"、"福禄"、"鸿喜"、"迎祥"、"迪吉"、"戬毂"等词语象征吉利。

阿弥陀佛止煞　阿弥陀佛石碑大都立在和石敢当一样的地方，用以驱邪。这里的阿弥陀佛不再是满脸笑容，而是变作满脸凶神，专门震慑鬼魂。

兽牌　古代民间传说中兽牌用以驱逐房屋前方侵入的邪鬼。如房屋对着道路、电线杆、屋脊、山的门户要安置兽牌，放置位置可在门楣中央，也可在墙壁等处。犯煞的地方，周围120里内的房子都要挂兽牌。据记载，兽牌形状为梯形，上宽八寸象征八卦；下宽六寸四分象征六十四卦；高一尺二寸象征十二时辰；两边之和二尺四寸象征二十四节气。兽牌上刻狮子或虎的头像，嘴中含七星宝剑，怒目前视。宝剑上的七星用玻璃或金属镶嵌，闪闪发光以惊邪魔。狮子口中的宝剑也象征驱邪，剑锋利，是防身杀敌武器，被道家引用为法器。葛洪在《抱朴子》中说，涉江渡海身佩宝剑，就能使蛟龙、巨鱼、水神不敢靠近。八仙之一吕洞宾的神器就是降妖宝剑。道士的降妖宝剑与普通宝剑不同，它必须经过特殊处理，据说是将怀着男婴的孕妇之血涂在剑上，然后口念符咒，在火炉中重新锻造。道士也用具有驱鬼象征义的桃木做宝剑，做法时挥舞起来，可使百鬼惊惧，四散逃离。悬挂兽牌并非儿戏，须请道士主持"开眼"，再经过读经、奏乐、送煞、挂狮头等步骤才告完成。

镜　古人认为镜象征天意，自商周起，成为神器之一而陪葬。从出土的铜镜看，图案和纹饰相当丰富，有八卦、瑞兽、吉祥纹等。道士更是把镜当作重要法器随处运用，大肆渲染。传说以前黄帝铸镜15面，采阴阳精气，取乾坤五五妙数，隐含日月明光，通晓鬼神行意，防止魑魅幻影，修整残疾苦厄。镜能反照有形之物，取其意用镜使山精鬼魅遇镜原形毕露，称照妖镜。民宅门上悬挂镜称镇煞门镜，此镜较为特殊，四周高中间低，人与物都成倒像，使厉鬼不能进屋。当人家屋脊或不祥之物正对自家大门，被认为十分不吉利，这时，家门外也要悬挂镜辟邪。

瓦将军　房屋顶上安放瓦制的武人坐像，作持弓按矢状，称为"瓦将军"。

瓦将军是东岳大帝黄飞虎，用作辟邪的来历是《三国志》："泰山治鬼，不得治生人。"故而塑其人像安放屋顶辟邪治鬼。

瓦将军人像安放屋顶辟邪治鬼

姜太公 姜太公原名姜尚，应辅佐周文王得天下闻名历史，关于他的神奇故事在民间广为流传，被百姓看做有奇异能力的神灵，请为护宅。

镇宅平安符 民宅中的厅堂、房门、厨房、谷仓常贴有黄条护宅符，写道："凡人家宅不安，或凶神邪作怪，此符镇之大吉，或夜行带此符，诸邪不敢近。"符纸上还盖上符令，从道观中请到家中前须在神前香炉上熏过三圈香火，才能生效。也有在符纸上写与厌胜（古代方士的一种巫术，以诅咒制服人或物）有关的文字，如敕、神、斩、虎……等变体字，加上一些五行八卦类符号。后来不限于纸，也有刻写在绢、木、石等材料上，内容分类详细，针对性强。如用于镇宅的有：镇多年老宅祸患不止符、土府神煞十二年镇宅符、镇分房相克符等多达几百种，做到应有尽有，完全适应民间需求。

吉竿 俗信自己的房屋对面有更高大的房屋或树木时，家运会受影响而衰微，在屋前竖一根竹或木杆，上悬灯笼，可以化凶为吉。故称吉竿。

象征吉祥

与驱邪并列的愿望是希望吉祥降临，建筑的另一套符号图案和附件就表达房主的迎祥愿望。

脊饰　前述脊饰为防火，其实根据需要，脊饰还有许多种。先秦的脊饰主要是鸟形。古神话说，太阳每天从东到西是由一只鸟背负而运行。又说商的始祖契是母亲吞食元鸟之卵所生。还说西王母身边有三只青鸟（西王母被视作长生不老之神），《艺文类聚》："七月七日，上问东方朔。朔曰：'此西王母欲来也。'有顷，王母至，有二只青鸟如乌，挟持王母旁。"鸟被看作神灵，是先秦用鸟作脊饰的原因。汉代，凤和鸟雀仍是最流行的脊饰，因为汉高祖刘邦是崇拜凤鸟的楚国人，在楚国，鸟象征生命力，是崇拜的图腾。元曲家睢景臣在讽刺作品《高祖还乡》中描写刘邦当上皇帝回到家乡时的排场，仪仗队中有一面旗帜的图案就是鸟："匹头里几面旗舒：一面旗白胡阑套住个迎霜兔；一面旗红曲连打着毕月乌……"红曲连打着毕月乌指图案画了一个太阳中的三足乌。神话相传，远古时期天上有十个太阳，气候炎热，不堪忍受。首领尧派射技高超的后羿射落太阳，结果射落九个，太阳中的九只鸟随九个太阳坠落而死。留下一个太阳中的鸟有三只足，称三足乌，驾日车巡天，为先民视作日精而崇拜。三足乌化身为光明，象征太阳和生命力。

神话说龙生九子，它们各自的特性被转换成象征义，按其象征义被安排在建筑（包括建筑附件）相应部位。赑屃好负重，位石碑下；螭吻（鸱尾）性好望，厌火，位于屋脊，象征压火；蒲牢性好吼，作钟钮；狴犴威猛，形象画在牢狱门上；饕餮好饮食，立鼎盖；蚣蝮性好水，作桥柱；睚眦好杀戮，作刀环；狻猊好烟火，位于香炉；椒图性好闭，作门环。

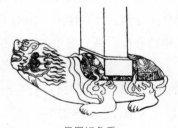

赑屃好负重　　　　　　　　　蒲牢性好吼，作钟钮

龙为建筑装饰较早出现在春秋时的吴国，因为"吴在辰，其位龙也。"[1] 按周易原理吴国在龙的位置，龙在吴国人心目中被看作保护神。后范蠡建越城，"西

———————————
[1]《吴越春秋》。

北立龙飞翼之楼，以象天门。"[1]出现龙吻脊饰在金代，明清时龙吻脊饰普遍见于宫殿、陵墓、寺庙等建筑，这时龙脊饰的象征义除了厌火，还象征天、皇权、国家和吉祥。

脊饰还用板瓦叠成各种祥瑞花卉、仙人、瑞兽、暗八仙等，脊的两端多做成佛手、石榴、寿桃。翼角上装饰水浪、回纹和各种图案。这些图案各有喻意，龙凤象征福祥，松鹤象征长寿，蝙蝠象征福到，凤凰牡丹象征富贵吉祥，鲤鱼跳龙门象征仕途通畅。岔脊上布置脊兽，多为吉祥镇邪的神兽，数量视等级而定。

瓦当　是屋檐筒瓦顶端下垂部分，起蔽护屋檐免遭雨水侵蚀作用，瓦当装饰始于西周，图案富有象征涵义。东周王城瓦当上饕餮纹具有几重象征意义：饕餮是想象中的猛兽，多用作原始祭祀礼仪的符号，象征神秘、恐怖、威吓，具有超人的威慑力量和肯定自身、保护社会、"协上下"、"承天体"的祯祥意义。神话类瓦当如龙纹瓦当图案具有吉祥象征意义。

饕餮是想象中的猛兽，象征威慑

鸟纹瓦当图案表达祈求神灵保佑的意愿，青鸟、朱雀、凤凰一类都是鸟纹的题材。

鹿纹瓦当，鹿被看作善灵之兽，可镇邪。鹿又象征长寿，葛洪《抱朴子》："鹿寿千岁，满五百岁则其色白。"李白《梦游天姥吟留别》中诗句："且放白鹿青崖间。""鹿"与"禄"谐音，象征富贵，画寿星、梅花鹿和蝙蝠叫做"福禄寿

---

[1]《吴越春秋》。

三星"。

獾性机警，读音与"欢"相谐，把獾与喜鹊画在一起，表示"欢天喜地"，獾纹装饰瓦当，具有吉祥喜庆色彩。

蟾蜍象征长寿，神话说羿从西王母处得到长生不老药，其妻盗吃成仙，入月宫化作蟾蜍。民间传说五月初五可以捉到活了一万年的蟾蜍（叫肉灵芝），食后长寿，所以也有蟾蜍纹装饰瓦当。

菊花象征长寿，"菊"近音"据"，"蝈"近音"官"，画一只蝈蝈在菊花上涵义是官居一品。菊花又有去邪秽的作用，《澄怀录》："秋采甘菊花，贮以布囊，作枕用，能清头目，去邪秽。"故有菊花纹瓦当。

西汉出现文字瓦当，所用文字都属吉祥颂祷之类，如："长乐未央"、"千秋万岁"、"延年益寿"、"与天无极"等。

佛教传入中国后，莲花图案大量出现在瓦当上，主要象征祥瑞。因佛祖端坐在莲花座上，莲花也表示对佛教的信仰。汉代以后瓦当的象征主题与上述大致相同。

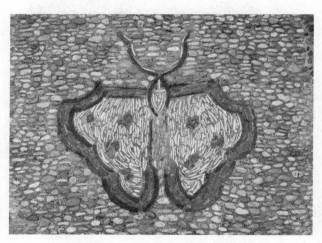

拙政园铺地图案，蝴蝶旺盛的繁殖力象征子孙兴隆

铺地　用砖瓦、碎石、卵石、碎瓷片、碎缸片组成各种纹样，铺地的图案一般都有象征涵义。如金鱼，"鱼"与"余"谐音，金鱼象征发财富贵，把金鱼与莲花组成画面，表示"金玉同贺"。扇子，八仙之一钟离汉手中的法器，能驱妖救命。传统文化中还有多种不同用途的神扇。"扇"与"善"谐音，送给旅人，

寓意"善行"。建筑铺地用扇子图案,寓意驱邪行善。蝙蝠,"蝠"谐音"福",被看作福的象征。两只蝙蝠构成的图案寓意双倍的好运气,五只蝙蝠构成的图案表示"五福捧寿"和"五福临门",五福指长寿、富裕、健康、好善和寿终。蝴蝶,繁衍力强,民间年画有"百蝶图",象征子孙兴隆。蝴蝶与猫画在一起,谐音"耄耋",耄耋为70—90岁年龄的称呼,猫和蝴蝶的图案象征长寿。鹤,生存年寿很长,《淮南子·说林训》:"鹤寿千岁,以极其游。"鹤因长寿,广受欢迎,组成的吉词如鹤寿、鹤龄、鹤算等等。绘画中常与松、石、龟、鹿组成画面,鹤龟一起题名"龟鹤齐龄",鹤立松下称"松鹤长春"。鹤又象征"升迁"、"成仙",画着两只鹤向着太阳飞的图画表示"高升"。一群口里衔着树枝向海边亭子飞去的鹤意思为"向往蓬莱仙境"。羊,《说文解字》:"羊,祥也"。羊又通"阳",画三只羊叫做"三阳开泰",作为岁首颂辞。

苏州网师园门楼

雕刻 雕刻是建筑装饰手段之一,分木雕、石雕和砖雕三种,见于宫殿、寺庙、陵墓、牌坊、祠堂、门楼等建筑物的柱础、柱头、梁枋、楣罩、琴枋、雀替、擎檐撑、门、窗、罩、栏杆、抱鼓石、裙板等部位。象征驱邪祈福内容的有以人物为题材的蟠桃盛会、麻姑献寿、郭子仪上寿图、文王访贤等。有以祥禽瑞兽为题材的如龙凤、狮子、麒麟、鹿、鹤、喜鹊、蝙蝠、松鼠、鱼等等，并组成丹凤朝阳、狮子滚绣球、五蝠捧寿、凤穿牡丹、喜鹊登梅等图案。有以植物为题材，雕刻佛手、桃、石榴、牡丹、紫藤等。有以器物为题材，如雕刻瓶寓意平安。有以绵纹为图案，广泛用于门窗、挂落、栏杆、罩，如卍字寓意吉祥，龟背纹象征长寿，盘长喻意福寿绵长。也有以暗八仙和佛八宝为题材，寓意求仙得道。

窗和洞门　窗格图案以绵纹和动植物相配合而成，如梅花和竹衬以冰裂纹，象征春天。具有象征意义的洞门有宝瓶形和葫芦形。"瓶"谐音"平"，宝瓶形洞门象征平安。葫芦，八仙之一铁拐李的法器，又是传统画老寿星手中之物，葫芦繁殖力很强，结果时十分繁茂，有"子孙万代"的象征意义，葫芦被民间视为吉祥物。

第五章　园林：观念形式、精神家园

　　对园林的认识仅仅停留在建筑空间或形式美层面是远远不够的，从更高层面看，园林实质是人类的精神家园。西方建筑史对建筑的总结是："实用、坚固、美观"，后来发展为"形式、功能、意义"。这里"美观"、"意义"都是精神层面。可见中外园林建筑的发展路径是一致的，只是我们较少从哲学层面对园林进行如此认识，本章把园林置于文化哲学层面，看作"有意义的形式"，对其作一番考察和概括。

一、文化观念下的园林发生

　　园林是怎样发生的，中国园林史说得很清楚：为了满足王的狩猎需要，把风景优美的地圈起来，后来把部分行政功能建筑移入，游憩兼顾办公，代表就是大家熟知的上林苑。那么上林苑为什么是这种样式而不是那种样式，这里存在一个必然的原因，就是上林苑样式背后的文化观念。

样式与观念

　　东汉文学家、史学家班固在《西都赋》中说西汉皇家建筑："其宫室也，体象乎天地，经纬乎阴阳，据坤灵之正位，仿太紫之圆方。"他又写上林苑昆明池：

"左牵牛而右织女，似天汉之无涯。"把昆明池象征为天上银河，反映汉代上林苑承继秦代模仿天象的建筑手法继续发展。

发生于天象的观念以及其他文化观念如何支配园林建造，以上林苑为例，可以总结出园中布置包含的几种主要观念："一池三岛"布置，出于秦始皇的求仙观念；"复道"出于"地法天"观念；园内有九条河流穿越，出于"道法自然"观念；建筑巍峨出于象征君威国威的"国家政治"观念。

从私家园林看，取法自然，做到"虽由人作，宛如天成"，当然是实现中国人的核心世界观"道法自然"。但是，在极度威严的专制制度控制下，人的"自然"天性被无情地剥夺干净，被扭曲得"极不自然"，表达一概模糊，导致审美走向内敛含蓄。园林表达不仅含蓄，甚至晦涩，完全走向象征主义。但是中国知识分子对精神自由的追求还是通过种种表象表达了出来，园林中的布置提供了很好的佐证。

拙政园裸露的树根和石板是自然主义和自由主义精神的表达

拙政园不经雕饰的石块和黑土、蔓草布置，同样是自然主义和自由主义思想支配下的杰作

拷问生命意义的生命观，在私家园林中比较突出，布置上多有个人对生命意义的思考，法王维的辋川别业，自觉不自觉地渗入佛教、道教思想，晦涩而有意味。做到一木一草、一石一水，甚至地势高低、枯枝败叶、铺地材质、粉墙投影、水中虚幻、天上掠过、自然声色皆有文章。如留园西部东头粉墙午后的树木投影，随着太阳西斜消淡，我们面对粉墙光影移动渐逝，如同当年黄河边的李白面对东逝黄河水，可以感悟到生命的一去不复返。

悟生命必然离不开宗教信仰，私家园林中的宗教题材很丰富，有道教的神仙文化，如拙政园的一池三岛、网师园的梯云室庭院和集虚斋。也有佛教的参悟文化，如留园的闻木樨香轩、亦不二亭、静中观，狮子林的立雪堂、卧云室、问梅阁，拙政园的雪香云蔚亭等，其深刻程度远胜于日本枯山水庭院，却被长期忽略。

体现在私家园林装修上的生命观既有雅的如隐居自省，佛道参悟；也有俗的如祈福禳灾，即追求财富、长寿和子嗣，避免贫困、疾病和绝后。这些观念广泛出现在铺地、栏杆、挂落、墙面、门窗、家具、槅、罩等方面。

影响园林的主要观念

那么究竟有哪些文化观念在影响园林，总的看来主要有宇宙观、生命观、价值观、审美观、国家政治观等，这些观念成为园林形式背后的无形之手，决定了园林的样貌。

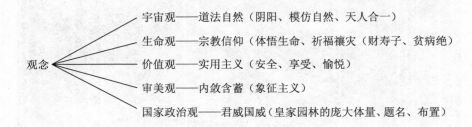

观念
- 宇宙观——道法自然（阴阳、模仿自然、天人合一）
- 生命观——宗教信仰（体悟生命、祈福禳灾（财寿子、贫病绝）
- 价值观——实用主义（安全、享受、愉悦）
- 审美观——内敛含蓄（象征主义）
- 国家政治观——君威国威（皇家园林的庞大体量、题名、布置）

二、文人的精神困境

私家园林与皇家园林趣味大相径庭，即使有相同处，也是皇家园林截取私家园林中的片断移植而成。帝王是皇家园林主人，决定皇家园林必然反映天朝威仪、四海统一、皇权巩固的主旨，文人式的游赏布置只是简单模仿和点缀。从本质上讲，皇家园林是"集体"性质的，私家园林是"个体"性质的，所以，皇家园林重国家政治，较少表现个性化的主题。

私家园林是个人私有的，是充分个性化的园林。但五彩缤纷的私家园林有一个共同特征：标榜隐居。因而要从本质上理解私家园林文化内涵，必先透视一番隐居文化。

象征性隐居

唐朝白居易把隐居分成三种：大隐隐于朝，中隐隐于市，小隐隐于山。大隐，身在官场，有为中求无为，以巧妙的方法保全自己，躲避来自同僚的伤害，其中不定因素最多，难度最大。中隐，身居市廛，虽不在官场，却免不了与官场人物接触，要保持清静无为，不为人事干扰，难度中等。小隐，卷起铺盖一走了之，远远地找座名山寄居起来，从此音信隔断，自然没有干扰，难度最小。这种分法根据隐居难易程度而定，缺陷是没有揭示隐居者的动机。

动机是本质内容，弄清隐居者动机，对深刻理解以隐居装饰的私家园林有极其重要的意义，不妨作些分析。所谓大隐者看重名节，注意朝野口碑，对金银、豪宅等有形资产不屑一顾，但实质上已有的名声、地位是很有价值的无形资产，他们在表面清苦的背后往往能够名声、地位、利益兼而得之，故大隐者难免虚伪。

中隐者是一群被朝廷或同僚抛弃的失败者，他们内心充满失落、愤懑、痛苦和无奈，但他们手中尚有钱财，不愿就此落荒入山，受苦后半辈子。他们采取模仿自然山水的办法，把自己置于象征性的隐居场景之中，既有隐居的包装，又能继续享受富裕的物质生活。东汉的仲长统的《乐志论》道出了中隐的全部秘密，他说：

> 使居有良田广宅，背山临流，沟池环匝，竹木周布，场圃筑前，果园树后。舟车足以代步陟之难，使令足以息四体之役，养亲有兼珍之膳，妻孥无苦身之劳。良朋萃止，则陈酒肴以娱之；嘉时吉日，则烹羔豚以奉之。踟蹰畦苑，游弋平林，濯清水，追凉风，钓游鲤，弋高鸿，风于舞雩之下，咏归高堂之上。安神闺房，思老氏之玄虚，呼吸精和，求至人之仿佛。与达者教子论道讲书，俯仰二仪，错综人物，弹南风之雅操，发清商之妙曲。逍遥一世之上，睥睨天地之间，不受当时之责，永保性命之期。如是则可以凌霄汉，出宇宙之外矣，岂羡夫入帝王之门哉！[1]

所以，中隐群体选择城郊建造私家园林，实行象征性隐居实在是他们的一大发明。

小隐不太受欢迎，因为从闹哄哄的官场突然转入冷寂清苦的山林生活，反差太大，而且存在等待朝廷召唤的侥幸心理，不愿因躲到一个不为人知的地方而失去可能东山再起的机会。只有心如死灰、财力不济的人才真正接受小隐，躲进山

---

[1]《后汉书·仲长统传》。

野等待老死。

可见，白居易的隐居三分法尽管向为世人接受，但说得不太正确。应该分为真隐居和象征性隐居两类：真隐居者，不仅愤世嫉俗，而且能了断尘缘，与世裂决，隐入大山深林，甚至遁入空门，为僧为道；象征性隐居者，借隐居旗号，把自己包装起来，既获得精神满足，又继续保持物质享受，隐于朝的和隐于市的即是。

真隐居是十分不易的，先说入山自我禁锢，与世隔绝的隐居就难以教人效仿。举最早的隐士为例：商末伯夷、叔齐弟兄俩因谦让继承王位，一齐投奔到周。后周武王灭商，弟兄俩又逃避到首阳山，不吃周提供的粮食而饿死。他们在首阳山中的景况令人寒栗，留下的诗写道：

> 登彼西山兮，采其薇矣。以暴易暴兮，不知非矣。神农虞夏忽焉没兮，我安适归矣。吁嗟徂兮，命之衰矣。

他们不吃周提供的粮食，在山中采集一种名叫做巢菜的豆科草本植物充饥，虽然苗叶可当蔬菜食用，或者豆荚中的荚果也可充饥，但不久终于衰亡。他们弟兄俩入山隐居，实迫于无奈，充满了家国灭亡的痛心和对周"以暴易暴"的怨愤。更严重的是投奔的周灭了自己国家，初始躲避做官的高尚行为最后变成了投靠敌人，"神农虞夏忽焉没兮"，完全陷入精神崩溃边缘。这个隐居故事以生命的代价保全了弟兄俩的名节，但谁愿自觉走入这条阴差阳错的绝路呢？

再说出家，出家情况有多种，官宦、富豪、文人出家大都有一段迫不得已的情节为背景，就正常人而言，也难以效仿。如唐代五台山名僧寒山，出家前热衷科考，并寄予厚望，但他不属于应试型人才，历经四五次考试均名落孙山，受到包括妻子在内的家人冷落，"却归旧来巢，妻子不相识"。弄得一个意气风发的青年心灰意懒，35岁那年到浙江天台县境内隐居，后几经挣扎，终于皈依佛门。沉重的打击使他落拓不羁，倍遇冷落，有记载云：

> 寒山子者，世谓为贫子。风狂之士，弗可恒度推之。时来国清寺，有拾得者，寺僧令知食堂。恒时收拾众僧残食菜滓，断巨竹为筒，投藏于内，若寒山子来，即负而去。或廊下徐行，或时叫噪凌人，或望空曼

骂。寺僧不耐，以杖逼逐。然其布襦寒落，面貌枯瘁。以桦皮为冠，曳大木屐。[1]

如此落魄，足使徜徉于佛门外的人止步不前。

以上两例说明入山不出，遁入空门的真隐居者，必然有一段生死决裂的人生重大变故。他们不到重大挫败时不会选择真隐居这条道路。

象征性隐居者在城郊购置园林，自比上古隐逸圣贤，把自己打扮成一名光荣的失败者，一方面建造豪华园林继续享受红尘浮华生活，另一方面借题寓意超然出世。苏州许多园林就是这类"隐士"矛盾心理的产物。苏州沧浪亭在园主苏舜钦手中充分表达了这类隐士的内心独白。

苏舜钦，北宋仁宗宰相杜衍的女婿，任集贤校理，监进奏院，由于屡次上书议论时政，倾向范仲淹为首的改革派，最终被保守派罢官。苏舜钦久慕"吴中渚茶野酝，足以消夏；草鲈稻蟹，足以适口；又多高僧隐君子，佛庙胜绝。"[2]他在《过苏州》诗中写道："绿杨白鹭俱自得，近水远山皆有情。"罢官后出四万贯钱买下五代广陵王钱元镣旧池馆构亭北琦，修建成现貌。感于身世多变，悟出"随缘任运"的人生之道，想起《沧浪歌》："沧浪之水清兮，可以濯我缨，沧浪之水浊兮，可以濯我足！"遂以"沧浪亭"名命园，自号"沧浪翁"，从此"与风月为相宜"或"扁舟急桨，撇浪载鲈还"，仿做一名渔父，方觉"迹与豺狼远，心随鱼鸟闲"，避世隐居似乎找到了归宿。宋杰《沧浪亭》诗赞道：

> 沧浪之歌因屈平，子美为立沧浪亭。
> 亭中学士逐日醉，泽畔大夫千古醒。
> 醉醒今古彼自异，苏诗不愧《离骚》经。

沧浪亭园内又有"面水轩"、"观鱼处"、"明道堂"等几处加强隐居主题，但是真的把苏舜钦看作已经心如死灰，安于做渔父的"隐士"那就大错特错了，因为苏舜钦向有"丈夫志"，"耻疏闲"，他借居沧浪亭其实是在等待朝廷重新启用

[1]《宋高僧传》。
[2] 陆友仁：《吴中旧事》。

的召唤。当这种等待幻想彻底破灭后，他已不能自持，日日"向沧浪深处，尘缨濯罢，更飞觞醉"，终因难以排遣郁闷，于41岁英年早逝。苏舜钦的词《水调歌头》可作为他的心理注解：

潇洒太湖岸，淡伫洞庭山。鱼龙隐处烟雾，深锁渺弥间。方念陶朱张翰，忽有扁舟急桨，撇浪载鲈还。落日暴风雨，归路绕汀湾。丈夫志，当景盛，耻疏闲。壮年何事憔悴，华发改朱颜？拟借寒潭垂钓，又恐鸥鸟相猜，不肯傍青纶。刺棹穿芦荻，无语看波澜。

词中遭受排挤的痛苦心情，为国效忠的一片赤诚和疏闲隐居的无奈交织在一起，不仅反映了苏舜钦的复杂心理，也反映出一大批从官场上被排挤下来后成为"隐士"者的共同心理特征。苏舜钦和沧浪亭说明，苏州园林主人以避世隐居自称只是表面姿态，闲居的无奈和等待东山再起才是这类"隐士"的深层本质。

沧浪亭寄寓了苏舜钦复杂的隐居心态

寄居意境

从造园角度讲，在小面积宅院内叠山凿池，模仿自然山水，建造具有居住、游赏、象征三重功能的私家园林必须借用山水画理，因为山水画式的移山缩水写意手法成功地把高山江湖缩写在数尺画纸上，做到了"小中见大"。造园借此手法创设意境，寄居其中，标榜清高。

那么，写意手法究竟如何究竟如何把千里江河，体伟昆仑装进三尺画纸的？宗炳在《画山水序》中解释说：

> 且夫昆仑之大，瞳子之小，迫目以寸，则其形莫睹；迥以数里，则可围于寸眸。诚由去之稍阔，则其见弥小。今张绡素以远映，则昆阆之形，可围于方寸之内。竖划三寸，当千仞之高；横墨数尺，体百里之迥。

明代岳正《江山秋霁图记》从读画角度证明了中国画移山缩水的功能，他评价《江山秋霁图》道：

> 其空阔澄明，或沦或澜，或涌而浪，激而涛，荡而潋滟，漫衍而涟漪者，为大江。江之中，或举网而渔，或乱流而渡，或缆而泊，橹而进，篙而退，遡帆而风御者，为舟楫之多。其渊泓而纡回者，为江潭。凫雁翔集、菰蒲芦荻萦被而映带者，为江渚。其或连绵而屋比纷、而阁架列、而市肆分张，篱而园圃隔、塍而田区、委而巷蔽者，为江村。其或平田漾沙、崩崖陡绝而昂伏不齐者，为江浒。去浒渐远而渐高，其或岭耸而坡平、岩巉而壁立，或障而屏蔽、峰而秀立、嶙而奇迭，或壑而有容、谷而能虚、麓而从薄、冈阜而蜿蜒，其或远而黛抹、近而剑植、既断而复续、迤？重沓、杳莫究其所极者，为岸江之诸山。山有泉，或悬或注；山有石，或蹲或卧。或深而洞流，或曲而溪萦，危而桥横。或草莽翳而雉兔跧伏，或林木郁而禽鸟巢栖。或佛寺，或道院。或樵或牧，或士女之嬉游。其掩映蔽亏、吞吐隐约、千态万状，得之心想而口舌不能道者，不与也。昔者予尝奉使南服，由汉沔出浔阳，乘流而下，

直抵场子，而凡简册所纪载者，辄跻攀以穷其胜，虽流连累日，不辞也。今观是图，一瞬千里，坐而致之，能不使予恨相见之晚，而追悔夫曩昔之劳也邪！

"竖划三寸，当千仞之高；横墨数尺，体百里之迥。"就是散点透视的写意产生了"小中见大"效果，在宽不足一尺，长不足五尺的画纸上，记录了大江两岸所有景象：江水、舟楫、村庄、水岸、山石、禽鸟、佛寺、道院、樵夫、牧童、士女。

写意是中国艺术的重要表现手法，中国人的美感因地理环境、民族、时代、观念、心理活动诸因素影响而具有独特性，中国人在审美活动中对于美的主观反映、感受、欣赏和评价往往与西方大相径庭，集中体现在中国重个人精神表现与西方重客体再现的艺术观。由于中国绘画是个人精神表现的结果，欣赏者只能通过揣摩去体会作者的部分创作本义，而这时特别需要借助象征视角，因为写意画面充满了象征性。写意绘画以简练的笔墨勾勒出对象的形神，或抒发作者的胸臆。重神似，轻形似，对象的空间位置并不严格固定，可以按作者主观意图任意截取、衔接或作宏观缩小、局部放大，甚至对重点部分作夸张性创造，通过似像非像的形象传达作者的主观思想或即时情绪，作品中的线条粗细、墨色轻重、色彩冷暖、选择对象都可视作具有象征寓意的因素。因而，中国山水画很大程度上就是象征绘画。

花卉画同样采用象征手法。清画家八大山人为明宗室后裔，经历国亡、妻、子双亡创伤的严重打击，整日酗酒麻醉自己，或挥毫作画：

多置酒招之，预设墨汁数升、纸若干幅于座右。醉后见之，则欣然泼墨广幅间。或洒以败帚，涂以败冠，盈纸肮脏，不可以目，然后捉笔渲染，或成山林，或成丘壑，花鸟竹石，无不入妙。

这类画在技法上称作泼墨大写意，所画内容无不包含寓意，稍接触过中国画的外国人也发现这种现象。埃尔米·普雷托尤斯（Emil Preetorius）喜好收藏中国艺术品，对中国画深有体会，他说：

所有的东方绘画，都可以看作是象征，它们富有特色的主题——岩石、水、云、动物、树、草——不仅表现了自己本身，而且还意味着某种东西，有些东西在自然界事实上并不存在，它们既非有机物又非无机物，也不是人造物，东方艺术家们不是看到了它们，而是以象征来隐喻它们。[1]

绘画意境解决了私家园林空间狭小的问题，也解决了文人们的精神避难所。文化形式背后的意境终于成为文人的依托。

三、王维造园开创解脱之道

中国艺术意境构成与宗教影响大有关系，中国传统文化深深浸润于宗教之中，释道并存，长期作为国家政治的灵魂，是生于斯的每一个知识分子不可回避的现实，故成就大的文人都与宗教有着千丝万缕的关系。

再者，封建专制政体对每个官宦而言，充满着危险而不可把握的因素，随时的打击都可能是致命的，怎样从打击中解脱，求助于宗教变成唯一的途径。入世不成转出世，进取失败转向空，官场失败者接受看空人生的观点，借此平静自己失落的心理。正如白居易自述：

> 晓服云英漱井华，寥然身若在烟霞。
> 药销日晏三匙饭，酒渴春深一碗茶。
> 每夜坐禅观水月，有时行醉玩风花。
> 净名事理人难解，身不出家心出家。[2]

白居易佛道并举，药、酒、茶多管齐下，方才稳住阵脚。还有戴叔伦《晖上人独坐亭》：

---

[1] W.爱伯哈德：《中国文化象征词典》，湖南文艺出版社 1990 年版，序第 1—2 页、导论第 4 页。
[2]《早服云母散》。

萧条心境外，兀坐独参禅。

萝月明盘石，松风落涧泉。

性空长入定，心悟自通玄。

去住浑无迹，青山谢世缘。

郑谷也在《自遗》中写道：

谁知野性真天性，不扣权门扣道门。

窥砚晚莺临砌树，进阶春笋隔篱根。

朝回何处消长日，紫阁峰南有旧村。

时世凶险，只好问佛问道，独善其身，龟缩起来保全身家性命。

王维，唐朝进士。他精通山水画理，以至于后人文震亨总结的山水画要义："山水林泉，清闲幽旷，屋庐深邃，桥约往来，石老而润，水淡而明，山势崔嵬，泉流洒落，云烟出没，野径迂回，松偃龙蛇，竹藏风雨，山脚入水澄清，水源来历分晓。……"[1] 在王维的画中俱有，而且更高出一筹，苏轼评介王维道："诗中有画，画中有诗。"

安禄山叛乱，攻陷长安，王维出任伪职。平叛后，他受严厉处分，降职不久虽官复尚书右丞，但经此政治波折，打击不小，逐渐看空人事，转奉佛道，晚年在陕西蓝田境内修建辋川别业。他与裴迪互相酬唱，抚慰对方伤口，表现出对人生的极度无奈与失望："世事浮云何足问，不如高卧且加餐。"[2] 这还不行，须用白居易多管齐下办法，方能平静内心，他终于转而问道奉佛，宁信人生一个"空"字："一生几许伤心事，不向空门何处消。"[3]

王维在精通诗歌、绘画和音乐的基础上，研习禅宗，诸般艺术和宗教相互交融，使他的诗画更上一层楼，创造出了意蕴深远的诗画。诗歌意象给人一种意境高远、空寂宁静、欲言难尽的感觉。山水画面空灵渺远，超尘脱俗，令人玩味无穷。

从艺术创造的角度看，一切艺术都是情绪的产品。以前没有烟草、毒品这类

---

[1]《长物志·论画》。

[2]《酬酒与裴迪》。

[3]《叹白发》。

兴奋产品，酒、宗教和艺术创造起了重要的安慰作用。文人的苦恼、落寞、无奈、彷徨、愤懑诸种情绪往往借助饮酒、学禅和艺术创作，特别是艺术创作，或书法、或绘画、或诗歌、或音乐、或戏曲、或小说，借题发挥，平衡心理。唐朝有李白放歌，张旭狂草，当然也有了王维的园林。

辋川别业在陕西蓝田县西南约20公里处，那里山岭环抱，溪谷辐辏，王维依自然地势规划整治成园。今天，按《辋川集》中记录的二十个景区和景点，可大致看出园林的内容。

唐代同时具备诗、文、书、画、宗教诸项修养者不乏其人，但大多或贫或漂泊不定，真正能为自己建造别墅长期安居者寥若晨星，王维是其中的一个。王维耀人的才华，把私家园林艺术推向极致，特别是园林意境的创设，后代陈陈相因，很少超过。宋徽宗赵佶建艮岳，终究离不开皇家审美带来的恢宏华丽，致使不如辋川别业有意味。苏州拙政园初出于明代著名画家文徵明的画稿，园景"明瑟旷远"[1]但王维"诗中有画，画中有诗"的高妙手法使文徵明笔下的拙政园也难与辋川别业相比。

对私家园林意境创设具有重要影响的辋川别业

[1] 文徵明：《王氏拙政园记》。

引禅入园

诗情画意加禅理是辋川别业成功的关键。王维吸取禅宗的静坐默念，说法时以言引事物的暗示，以及色空观，使其诗歌读来奥深理曲，委婉含蓄，充满寂、空、静、虚的意境，再结合音乐的弱音、停顿，山水画的飞白，又使诗歌富有节奏变化。如《鹿柴》：

> 空山不见人，但闻人语响，
> 返景入深林，复照青苔上。

反映环境的虚空冷寂，空山中依稀听到的人语声却给山造成更大的空无感觉，空是绝对的，声是有条件和暂时的，人语声会随人去而消逝，山却长久空下去，人语打破寂静，显得山更静，这不是色空的演绎么？"复照青苔上"揭示静默世界中的无限轮回，全诗充满禅理的思考。

又如《竹里馆》：

> 独坐幽篁里，弹琴复长啸，
> 深林人不知，明月来相照。

竹与佛教有很多关系，竹节与节之间的空心，是佛教概念"空"和"心无"的形象体现；竹叶发出的飒飒声，一些大师看作是神启的信号。据说释迦牟尼在王舍城宣扬佛教时，归佛的迦兰陀长者把自己的竹园献出，摩揭陀国王频毗娑罗就在竹园建筑一精舍，请释迦牟尼入住，释在那里驻留了很长时间，那幢建筑就与著名的舍卫城祇园并称为佛教两大精舍。这则传说使竹在佛教界身价百倍，被看作圣物，出现在所有的佛教寺庙中，居士、信徒也在家园中引种竹子，表达对佛教的信仰。"独坐幽篁里"营造了氛围极浓的禅坐场景，王维在王舍城禅思，思考的问题是如此深奥，以致难找对话者。"深林人不知，明月来相照"，深锁山林中的思想孤独者，惟有明月来相伴。"弹琴复长啸"，无奈，孤独者以琴声和吟唱寻觅知音。"知琴者，以雅音为正。……故能操高山流水之音于曲中，得松风夜月之趣于指下，是为君子雅业，岂彼心中无德，腹内无墨者，可与圣贤共语？"[1] 但是，王维知音难觅，只好陷入孤独的禅思之中，惆怅至极时，仰天长啸几声。

再如《辛夷坞》：

木末芙蓉花，山中发红萼，

涧户寂无人，纷纷开且落。

在渺无人迹的地方，明月东升相照，芙蓉花开花落，周而复始，时间飞逝似乎失去了意义，一切在自然法则中平静地运行，它启发人自然法则如此，人当顺应，进入自然运行轨道，顺乎天理，接受生命的寂灭，归为永恒的"空"。世界本就日落月升，花开花谢，交替无尽，万物皆如此，人的内心悟到这点不必再恐惧、再狂喜，除却一切欲念，内心归于平静、淡漠、寂灭。这个关于人生与自然关系的大题目产生了无限意蕴，像电影蒙太奇效果一样，人飞升到无限的想象世界中"冯虚御风"，任意遨游，在空间上冲破有形的"幽篁"和发"红萼"的山，在时间上穿透物的即时性，从而进入时空感消失的永恒世界。这首诗充分抒发了一个佛家居士对世界的看法，而且修养之深非一般僧人能比。有位著名禅师诗曰："树叶纷纷落，乾坤报早秋。分明祖师意，何用更驰求。"《辛夷坞》表明王维已达到这位高僧的境界，完全领悟自然物象中蕴涵的禅机，可以从一片飘落的花瓣看透世界本源。

王维是那样深入禅理之中，致使随手翻读他的一首诗，都会觉得满口馥郁、经久不散。如《山中》：

荆溪白石出，天寒红叶稀，

---

[1] 高濂：《遵生八签·论琴》。

山路元无雨，空翠湿人衣。

又如《书事》：

轻阴阁小雨，深院昼慵开，
坐看苍苔色，欲上人衣来。

再如《辋川闲居赠裴秀才迪》：

寒山转苍翠，秋水日潺湲，
倚杖柴门外，临风听暮蝉。

理所当然，充满禅意的王维所建园林必定不同凡响。

诗画意境

《中国古典园林史》作者周维权先生按王维和裴迪在《辋川集》中四十首诗的排列顺序关系，再现了辋川别业全景，不仿录于此，以体会王维式的诗情画意。[1]

孟城坳　谷地上的一座古城堡遗址，也就是园林的主要入口。裴迪诗："结庐古城下，时登古城上，古城非畴昔，令人自来往。"

华子冈　以松树为主的丛林植被披覆的山岗。裴迪诗："落日松风起，还家草露晞，云光侵履迹，山翠拂人衣。"

文杏馆　以文杏木为梁、香茅草作屋顶的厅堂，这是园内的主体建筑物，它的南面是环抱的山岭，北面临大湖。裴迪诗："迢迢文杏馆，跻攀日已屡，南岭与北湖，前看复回顾。"王维诗："文杏裁为梁，香茅结为宇，不知栋里云，去作人间雨。"

---

[1]　周维权：《中国古典园林史》，清华大学出版社1990年版，第8页。

斤竹岭 山岭上遍种竹林，一弯溪水绕过，一条山道相通，满眼青翠掩映着溪水涟漪。裴迪诗："明流纡且直，绿条密复深，一径通山路，行歌望旧岑。"王维诗："檀栾映空曲，青翠漾涟漪，暗入商山路，樵人不可知。"

鹿柴 用木栅栏围起来的一大片森林地段，其中放养麋鹿。裴迪诗："日夕见寒山，便为独往客，不知深林事，但有麋鹿迹。"王维诗："空山不见人，但闻人语响，返景入深林，复照青苔上。"

木兰柴 用木栅栏围起来的一片木兰树林，溪水穿流其间，环境十分幽邃。裴迪诗："苍苍落日时，鸟声乱溪水，绿溪路转深，幽兴何时已。"

茱萸片 生长着繁茂的山茱萸花的一片沼泽地。王维诗："结实红且绿，复如花更开，山中傥留客，置此芙蓉杯。"

宫槐陌 两边种植槐树（守宫槐）的林荫道，一直通往名叫"欹湖"的大湖。裴迪诗："门前宫槐陌，是向欹湖道，秋来山雨多，落叶无人扫。"

临湖亭 建在欹湖岸边的一座亭子，凭栏可观赏开阔的湖面水景。王维诗："轻舸迎上客，悠悠湖上来，当轩对尊酒，四面芙蓉开。"裴迪诗："当轩弥晃漾，孤月正裴回，谷口猿声发，风传入户来。"

南垞 欹湖的游船停泊码头之一，建在湖的南岸。王维诗："轻舟南垞去，北垞森难即，隔浦望人家，遥遥不相识。"

欹湖 园内之大湖，可泛舟作水上游。裴迪诗："空阔湖水广，青荧天色同，舣舟一长啸，四面来清风。"

柳浪 欹湖岸边栽植成行的柳树，倒映入水最是婉约多姿。王维诗："分行接绮树，倒影入清漪，不学御沟上，春风伤别离。"

栾家濑 这是一段因水流湍急而形成平濑水景的河道。王维诗："飒飒秋雨中，浅浅石溜泻，跳波自相溅，白鹭惊复下。"

金屑泉 泉水涌流涣漾呈金碧色。裴迪诗："萦亭澹不流，金碧如可拾，迎晨含素华，独往事朝汲。"

白石滩 湖边白石遍布成滩，裴迪诗："跂石复临水，弄波情未极，日下川上寒，浮云澹无色。"

北坨 欹湖北岸的游船码头，可能还有船坞的建置。裴迪诗："南山北坨下，结宇临欹湖，每欲采樵去，扁舟出菰蒲。"

竹里馆 大片竹林环绕着的一座幽静的建筑物。王维诗："独坐幽篁里，弹琴复长啸，深林人不知，明月来相照。"

辛夷坞 以辛夷的大片种植而成景的岗坞地带，辛夷形似荷花。王维诗："木末芙蓉花，山中发红萼，涧户寂无人，纷纷开且落。"

漆园 种植漆树的生产性园地。裴迪诗："好闲早成性，果此谐宿诺，今日漆园游，还同庄叟乐。"

椒园 种植椒树的生产性园地。裴迪诗："丹刺冒人衣，芳香留过客，幸堪调鼎用，愿君垂采摘。"

可以体会到，辋川别业布局有很强的写意性和音乐节奏感。"斤竹岭"山径明灭隐现，"欹湖"浩森晃漾，"竹里馆"和"辛夷坞"幽深寻不见。空间布局，高到"华子冈"、"斤竹岭"，低到"茱萸三片"；广有"欹湖"，细有"金屑泉"；"欹湖"是开敞布置，闭合布置则有"竹里馆"，或高或低，忽开朗，忽幽闭，这里静那里动，不正合了一部音高音低、快慢起伏、纤细与雄浑互错的交响乐么？

在空间有限的园林中，引入宗教思考后，把园林引向无限时空。园林本身外在的有限形式因内容深化，开始急剧畸变、扩张。所以，园林空间不在乎占有多少亩土地，而取决于园林的内聚能量——思想性有多深。同理，一个阅历丰富、个性成熟的画家"胸中自有丘壑"，可将万里江山现于尺幅之中，传播万里渺远的气势，使读画者的感受突破尺幅之拘，进入一种比万里江山更旷远更宏大的想象时空中。所以，不管诗文、绘画、音乐、园林何种形式的艺术，一旦渗入佛道的空、无、灭、寂、静、旷、无极等思想，即会给艺术品注入巨大能量，使艺术时空得以在观者头脑中借助想象得到自我扩张，艺术形式的"意味"性蔓延得无边无际，从而铸成东方艺术的最大特点——不可言传的含蓄和可想象性。

从上文对王维诗歌的分析可知，"鹿柴"、"竹里馆"、"辛夷坞"实际上是王维静虑参禅的地方，隐没于山岭，悄无人迹，居中可伴明月而友麋鹿，操琴吟诗，看花开花落，思考人生、宇宙的终极问题。这就是禅宗的神秘、道家的隐遁飘逸赋予辋川别业特殊的美感。如此观之，辋川别业的最大成功——耐人寻味，正是得益于王维的佛道出世思想。

上述景点中最值得一提的是"竹"。竹有极其丰富的象征义，从时间上看，较早的象征义来自竹的外形、特质和发音。竹的外形纤细柔美，四季常青不败，象征年轻；竹节毕露，竹梢拔高，被喻为高风亮节。竹的特质弯而不折，折而不断，象征柔中有刚的做人原则；竹子空心，象征谦虚。"竹"与"祝"谐音，"爆"与"报"谐音，人们用竹做成爆竹，在喜庆节日燃放，驱邪祈平安。竹子丰富的象征意义和柔美的外形，为历代文人喜爱，自魏晋以来，敬竹崇竹，引竹自况，相沿成风。《魏氏春秋》记载：

> 嵇康与陈留阮籍、河内山涛、河南向秀、籍兄子咸、琅琊王戎、沛人刘伶相与友善，游于竹林，号为七贤。

自此竹成为文人名节象征。辋川别业在竹里馆和斤竹岭大量引种竹，即借用竹的象征义标榜自励。

竹的品格在唐朝后一再受到文人颂扬，苏东坡说："宁使食无肉，不可居无竹"。许多文人都赞同一句话："人不食肉则瘦，居无竹则俗。"郑板桥更是画竹自励，讽砭时弊，托竹喻意，把画中竹子的象征意义推到极致的境界。所以唐朝后的文人（私家）园林都效仿辋川别业把竹当作布置的重要内容。

王维的"竹里馆"侧重佛教意境，提示我们对古典园林中布置的竹子要多一层理解，即竹除了具有点缀景点的功能和象征文人品格的意义外，还象征对佛教的信仰。

四、江南园林艺术气质及其表现

江南一带，从晋室南迁以后始见苏州建造私家园林的记载。随后特别从明嘉靖至清乾隆之间，历时三百年，造园活动达到一个新的高潮，其中尤以苏州、扬州两地为最。出现这种现象是江南优越的自然环境、经济发展条件和人文荟萃多种因素综合而成的结果。而江南园林名扬世界，笔者认为环境造就的江南人独有的艺术气质及其园林表现手法是根本原因。

苏州园林艺术的发展取决于苏州的特殊环境条件，优越的地理环境和人文环境导致富庶、安定、悠闲，园林便是在易于艺术生长的文化沃土中蓬勃生长，一跃成为苏州文化的代表符号，占据着世界艺术显赫的位置。

孕育苏州园林艺术的富庶之乡（姑苏繁华图）

园林掘池叠山，模仿自然山林，园主不出家门也能体悟山林野趣，在城市坐拥水光山色，使城市奢侈的物质生活和怡人的自然风景兼而得之。掘池叠山、植树养花、精美建筑、诗情画意、壶中天地等种种要素需要特定的条件方能满足，苏州正好占有造园的天时地利之便，又有深厚的文化积淀，更重要的是集聚了优秀的建园理论家和匠人帮、园艺家、诗人、画家群体，才使园林艺术臻于完美。

说天时地利之便是苏州河网发达，地下水充盈，往地下挖数尺便成园林水池。作为叠山的主要石料太湖石，在距苏州30多公里的西南郊太湖就能得到，黄石主要产于昆山一带，水陆运输也很便利。苏州气候温润，土壤肥沃，便于花木繁滋，也为园林花木造景提供条件。

人的作用更重要，造就苏州园林艺术的各路文人、艺术家有许多，首先明代出了三位最有影响的造园理论家，他们对苏州园林建造起到决定性的作用。一位是苏州吴江人计成，他写成世界最早的园林专著《园冶》，是划时代的园林理论家。

还有一位是苏州人文震亨，他的著作是《长物志》，这本著作重在园林元素研究，论及室庐、花木、水石、禽鱼、蔬果以及书画、家具陈设等，是一本园林元素研究的理论著作，与计成重在园林综合研究的《园冶》相得益彰。

第三位是祖籍浙江兰溪，出生于江苏如皋的李渔，他的著作《闲情偶寄》重在结合自己深厚的文化功底和造园实践，提出许多园林思想，受到西方重视，是一部具有世界影响的园林理论著作。

除此之外，明代还出了一位著名的造园家张南垣，他祖籍上海松江，后迁居浙江嘉兴，造园技艺世代家传，横贯明清两代，《清史稿·张南垣传》称他"世业百余年未替"。他的技艺不局限于苏州园林，还被用于建造颐和园，深刻影响清代的北方皇家园林。

绘画原理是造就园林艺术"壶中天地"的先决条件，明中叶至万历年间，以苏州为中心形成吴门派。吴门派代表画家沈周、文徵明、唐寅、仇英并称"吴门四家"，或称"明四家"。清初，又形成了以太仓王时敏、王鉴、王原祁为代表的"娄东派"，以常熟王翚为代表的"虞山派"，苏州绘画成为江苏乃至全国的中心。园林建造主要借助中国画的原理，才有"虽为人作，宛如天开"效果，明代各路画派的形成，把苏州园林艺术推向了巅峰，拙政园就是根据文徵明提供的画稿而建，遂使拙政园名扬天下，班列中国四大名园。

苏州园林之所以有魅力，因为不仅有诗情画意，还包括对终极问题在内的思考，是一座中国思想文化博览馆。它不同于纯文字的大百科全书，而是通过具象的物体展示，优雅而含蓄，意味隽永。众多的文人中，大多数受佛道宗教思想熏陶，自觉不自觉地在园林中留下痕迹，这些布置使苏州园林像唐朝王维的辋川别业那样，令人久久不能忘之。

苏州园林的发展经过了一段漫长历程。苏州春秋时，吴王夫差为西施建造的馆娃宫及夏驾湖、长洲苑等是有史记载的最早的皇家园林。私家园林的记载始见于晋室南迁以后苏州一带。隋代，大运河通航改善了交通运输，为苏州带来繁荣，唐代，社会安定，商业兴盛，奠定了园林发展的经济基础。宋代，苏州经济得到进一步发展，南宋王朝南迁杭州，苏州、杭州、湖州一带成为贵族官僚集居的城市，造园之风开始盛行，促进了园林的发展。明清时期，一批积聚钱财的人，通过造园来享受生活，从明嘉靖至清乾隆之间，大小官僚地主争相造园，成为一时风尚，历时三百年，造园活动达到一个新高潮，据同治《苏州府志》记载，明代苏州有宅第园林271处，清代苏州有宅第园林130处。

明清时期，苏州园林艺术臻于完善，达到前所未有的水平。园林创作思想上沿袭唐宋，从审美观到园林意境的创造都是以"小中见大"、"须弥芥子"、"壶中天地"等为创造手法。模山范水的自然观、写意、诗情画意成为造园的主导思想，主要成就有沧浪亭、拙政园、留园等。

苏州现存沧浪亭为五代吴越王钱镠之子广陵王钱元璙拥有，时间远至公元950年左右，为江南现存较早的私家园林。扬州由于经济地位原因，清代乾隆年间造园数量一度超过苏州，李斗的《扬州画舫录》称"杭州以湖山胜，苏州以市肆胜，扬州以园亭胜"。江南其他城市如湖州、南浔、常州、无锡、上海、南京和杭州等地的私家园林虽也有建造，但不如苏、扬两地数量可观。

扬州造园鼎盛一时，但随着经济中心的转移和战乱破坏，园林建造很快衰落。苏州因偏居一隅少有战争破坏，许多园林几经改建，得以保存。扬州园林从数量上一度可以比肩苏州，但无论做工还是文化内涵，都与苏州园林存在不小差距。扬州没有苏州"香山帮"工匠，园林便不精致，扬州商贾云集，园主人多为商人，他们在商言商，园林张扬摆阔，建筑宏丽，便少了点文人的书卷气和内涵，所以成就了"苏州园林甲江南"的局面。

江南园林的艺术气质

江南园林的艺术气质主要由文人气质、士大夫情调和无奈三者构成，然后混合成雅致、高贵、忧伤的情绪，散发出强烈的感染力。

文人气质。中国私家园林的文人化肇始于唐朝王维的辋川别业，王维之后不断有文人参与园林建造，使园林的文人气质陈陈相因，不断充实，但私家园林集中于江南一带，散发出独特的江南文化气息。

倪瓒，字元镇，号云林，江苏无锡人。性好洁而迂僻，人称"倪迂"。出身富家，终身不仕。水墨画造诣颇深，为著名元四家之一。倪瓒曾加入当时新道教，习静坐。50岁后复参禅学。元末变卖田产，常扁舟浪游苏州、无锡之间，或寄居田舍、佛寺，吟诗作画。由于逃避现实，作品意境清逸，多写疏林坡岸、浅水遥岭等平远风景，以幽淡为宗。反映了他孤芳自赏、遁世嫉俗的思想。曾为狮子林僧天如禅师绘狮子林图卷。于是，假山即狮子、狮子即佛祖（佛经认为"佛为人中狮子"）的宗教思想借文化象征被融入园林，狮子林在佛家眼中就是须弥山。

文徵明，明代著名书法家。苏州拙政园园主王献臣被罢官后失意回乡，在苏州城内购下200亩余地，请文徵明设计，历时16年建成该园。文徵明在《王氏拙政园记》中说，最初的拙政园建筑不多，仅一楼、一堂和八间亭、轩。园主重在经营花坞、钓台、曲池、果圃，园林"明瑟旷远"，"茂树曲池，胜甲天下"。于是壶中天地的哲学思想借中国画理缩龙成寸被融入园林。

文徵明后代又把文人刚正的气质融入园林。曾孙文震孟，明天启元年（1621），殿试第一考中状元，官至礼部左侍郎兼东阁大学士，为天启、崇祯两帝讲课，态度严正，为人刚直。由于抵触魏忠贤及其遗党，终于被排挤削职，回乡后第二年便抑郁而亡。

弟弟文震亨，崇祯时授武英殿中书舍人，协理校正书籍事务。后因礼部尚书黄道周一事，受牵连入狱。后屡遭阮大铖、马士英的排挤打击，仕途坎坷，后辞官归苏州。明弘光二年（1645）六月清军攻占苏州，他避乱阳澄湖畔，后清下剃发令，文震亨闻而投河自尽，虽被家人救起，但绝食六日，呕血而死，终不屈服，其死也刚烈。文震亨在世写就园林理论著作《长物志》。

文震孟痛感时弊积深，命名苏州的私宅为"药圃"（今艺圃），意寻求治国良方。其砖雕门楼额题为"刚健中正"，可谓浩然正气，这在充满书卷气的苏州古典园林中仅此所见，额题"刚健中正"四个字是文氏兄弟品格的写照。于是文人坚贞立场的气质借一座额题"刚健中正"的门楼融入了园林。

园林题名融入了文人坚贞立场的气质

李渔（1611—1680），原名先侣，字谪凡，号天徒，中年改名为李渔，字笠鸿，号笠翁。祖籍浙江兰溪县，出生地在江苏如皋，家境富裕，少年遍读诗书六艺，擅长辨审音乐和建造园林。他的造园思想主要集中在《闲情偶寄》中，兼谈生活情趣、审美趣味。李渔自云："予性最癖，不喜盆内之花、笼中之鸟、缸内之鱼，及案上有座之石，以其局促不舒，令人作囚鸾絷凤之想。"他性爱自然，推崇"随举一石，颠倒置之，无不苍古成文，纡回入画"的叠山能手，提倡"宜自然，不宜雕斫"，"顺其性"而不"戕其体"。

李渔构建园林时，重视园林与大自然融合为一体。认为园林是通过造园家的"神仙妙术"，"以一卷代山，一勺代水"，集自然之精粹，浓缩天地之精华，收到咫尺山、勺水浩波之效。于是，文人细腻丰富、敏感创新以及借物寓意的气质借山石、水池、植物、摆件、小品、装修融入了园林。

士大夫情调是江南园林艺术气质的重要表现。由于江南园林主人多半是退休官僚，把官场习性以及做派带进园林，厅堂追求气派，装修豪华，借此体现身价。结果造成建筑比例过大和单体建筑过大的弊端，园林空间显得逼仄局促。因为是读书人出身，园林布置和设计讲究文人情调，题名、碑碣、装修、布置无不体现文化内涵和文人趣味。气派豪华和文人雅趣两者结合，构成了亦官亦文的士大夫情调。

士大夫情调在官本位社会必定受到追捧。拙政园在第一任园主王献臣时，文徵明设计的园景"水木明瑟旷远"，并无今天拙政园内那么多的建筑，因为他是遭贬斥被赶出官场，主题是隐居，不是功成名就衣锦还乡养老。拙政园后几次易主，不断加建建筑，所以今天所见拙政园与王献臣时的初建拙政园相去甚远，远香堂的豪华布置更是南辕北辙。

扬州一些盐商园主的园林虽不及苏州园林精致入微，但也注意附庸风雅，即便是商人也显得儒雅，豪华则显亦官亦商本质。所以即便盐商的园林也体现士大夫情调。

士大夫情调有时是园林的根本本质，有时是附会装点，但都反映了江南园林的基本气质。

江南园林还有一种基本气质就是"无奈"，无可奈何花落去，一种特别的优雅伤情。园林的花容诗意表面下，掩藏着中国文人无可奈何的深层气质。这种无奈由封建制度、文化传统、个人际遇、终极思考等因素综合而成，结果是风花雪

陈设豪华，装修文雅，士大夫情调浓厚

月的低吟浅唱；繁华富丽的及时行乐；标榜附会的自我安慰；借物寓意的自励平衡；暗喻佛道的精神解脱，凡此种种无不反映中国文人对生命体验的无奈。

年轻时多少人考场得意，成为新贵，但其中一部分不谙官场陋习，随意指点，结果遭到排挤贬谪，落魄归乡。沧浪亭园主苏舜钦、拙政园园主王献臣即是。可怜苏舜钦年仅 41 岁便在等待中无奈死去。

有的参透生命本质，面对"天命"规律而无奈，对生命生出倦意。网师园园主宋宗元倦游归来，甘做一无聊的渔翁。留园园主问佛问道，平静走向生命终点，他们表明平静，实质无奈。

更多的园主安排豪华的物质享受，表面听戏吟唱的热闹，背后是及时行乐的空虚和无奈。

因此，无论园林布置是多么精巧雅致，题名是多么古奥晦涩，都难掩"无可奈何花落去"的丝丝悲凉，一种对生命运动规律无法抗拒和命运不可知的悲哀，从这一角度看，园林的繁滋花木乃是一个悲情符号。就是这种隐约透出的丝丝无奈，就像一双含有些许忧郁神态的眼睛，凡接触到的人，瞬间都会在其恍惚之间被深深吸引。

江南园林艺术的表现

认识江南园林首先要分析造园的主人。园林豪华精致，费用浩大，大都由富豪拥有，苏州向来是南北商业集散地，又是明清资本主义最早萌芽地，拥有家财的商贾集聚，他们在城中花费资财建造园林，经营生意，享受人生。除此之外还有地方乡绅、官僚、文人。苏州中举做官的人多，"三年清知府，十万雪花银"，去时一箱诗书，归时满船金银，从官场退休还乡的士人也加入购地造园的队伍。

这些园林主人的共同点是富裕，要享受，所以布置豪华，极尽享乐。不同点有很多：有钱人不一定肚内有文章，这样的人要面子，自己没读书却要装点得比读书人还有学问，不惜一掷千金，附庸风雅；地方乡绅秉持地方文化传统，忠实传承江南园林风格；从官场上退休的，端习惯的架子放不下，布置风雅豪华并重，风雅以示士人风度，豪华表示官僚身价；同为官场下来的人有的是年老退休返乡养老，有的则是遭排挤贬斥，落荒而来。遭排挤贬斥、落荒而来的牢骚满腹，通过园林布置中的自嘲、标榜、附比、暗喻、象征等手法表现，平衡自己；更有的人入世无望，干脆吃斋念佛，亦佛亦道，佛道并举平静内心，园林布置中充满宗教的思考；沧浪亭主人苏舜钦把园林当作东山再起的暂居之地，到太湖游荡了几回，象征性地当了几天渔夫，最终没能如"沧浪之水清兮，可以濯我足；沧浪之水浊兮，可以濯我足"那样潇洒，中年便在严重的失望中辞世了，因而各个园林的内涵和表现存在很大差异，归结起来大致有以下几点：

其一，讲究排场体现身份。江南园林主人多为遭排挤或退休的官僚，拙政园主人王献臣，明弘治六年（1493）进士，历任御史、巡抚等职。因官场失意，乃卸任还乡造园隐居。寄畅园，明代正德年间兵部尚书秦金辟为别墅，初名"凤谷行窝"，后为布政使秦良所有。万历十九年（1591），秦耀由湖广巡抚罢官回乡，着意经营此园。沧浪亭主人苏舜钦在北宋庆历年间因获罪罢官，旅居苏州，营建沧浪亭。留园为嘉靖年间太仆寺卿徐泰时之私园。网师园为乾隆光禄寺少卿宋宗元所有。退思园是清代同里任兰生营造的宅第，任兰生曾担任凤（阳）、颍（川）、六（安）、泗（州）兵备道，后因营私肥己被解职返乡。耦园主人为清末安徽巡抚沈秉成。以上可见，园林主要是有官僚身份的人在经营，他们脱不了官僚习气，虽打着隐居旗号，还少不了迎来送往的应酬，所以要有与身份匹配的排场。拙政园的远香堂、留园的林泉耆宿之馆、耦园的载酒堂厅堂等布置华丽，家具规格高做工考究，恰当地体现了园林主人的官僚身份。

扬州的园林主要是盐商宅第，园林布置规格毫不逊色于苏州园林，有的甚至更显气派，只是布置内容和趣味露出商人特性，少些含蓄和书卷气。

拙政园远香堂排场气派

其二，模仿自然顺应天道。模仿自然首先是城市园林功能的要求，隐居城市既要保障物质生活需求又要不出家门便能体味山林野趣，于是借鉴山水画理，缩龙成寸，模山范水，把自然风景引进园内。

人法道，道法自然的结果是园林布置模仿自然。园林模仿自然背后蕴藏的这种深刻思想内容，是中国文化中最基本的也是最核心的内容，表现时往往散漫又似乎不经意，其实这正是深入骨髓的影响表现，世代相袭，了无声息。

微缩自然的难题由山水画理成功地解决，使园林山水"一峰则太华千寻，一勺则江湖万里"，深刻地表达对宇宙规律"自然"的敬畏。

其三，内敛含蓄。皇家园林反映天朝威仪、四海统一、皇权巩固的主旨，建筑规模和题名张扬显赫。江南园林不同于皇家园林，原先私家园林具有的比富特征逐渐消退，取而代之的是文人精神的表白，私家园林成为文人怨诉、辩白、标榜、自励或者粉饰的场所。然而，中国等级森严的政治制度又决定个人情绪表达

曲园依曲池而建，面积仅 4.2 亩，取《老子》"曲则全"之意，顺应自然，敬畏天道

不宜直白，故园林布置具有内敛含蓄特点。

园林大门注意朴素，既不高大也不显眼，与一般民宅没有差别，混杂于闾巷之中，就像谦谦君子，尽管肚中锦绣文章，外表却平常无奇。园林的围墙都较高，园主希望高墙把自己掩藏起来，既低调又有安全感。

许多园主是遭贬斥的官场失败者，内心充满愤懑、失落和哀怨，这些情绪通过题名标榜、附会圣贤的主题布置，含蓄巧妙地把自己与先贤联系在一起，以此平定内心冲突，平衡情绪。如留园濠濮亭以庄子在濠水濮水的隐居故事，布置水池，放养鱼儿，将自己比附成拒绝楚王邀请出山做官的庄子；五峰仙馆以太湖石堆叠假山比附李白隐居庐山五老峰；曲溪楼借中部一泓池水，引出兰亭雅集的故事，比附兰亭聚集的君子……凡此种种，无不委婉含蓄，内中却又深藏风骨，真实地体现中国文人复杂丰富的内心世界。

其四，象征表意。植物象征很普遍，如留园中部划分水池的小蓬莱种植紫藤，每逢春天，紫色花串覆盖整个廊桥，象征祥瑞。因为天神居住在紫薇苑，紫色为吉祥色。唐朝规定四品官以上才能着紫色袍服，故紫色又是富贵色。拙政园梧竹幽居植梧桐树和竹，传说凤凰只吃梧桐籽，梧桐被民间看作招引凤凰的吉祥树，竹节节向上，又有高风亮节的文化涵义，合在一起象征迎祥。深入推究，象征义不止这些，因为梧桐树中间空，为阴；竹节在外，为阳，古时出殡，女性长者挂梧桐木拐杖，男性长者挂竹拐杖，所以梧竹幽居植梧桐树和竹又象征阴阳相合，圆满完美。

以此观园林，园中植物如芭蕉、松柏、石榴、桂花、梅花、银杏、桃、紫薇、枇杷、菊、桔、荷花、玉兰等无不被赋予象征义，与题名结合构成主题布置，如芭蕉主题的听雨轩；松柏主题的得真亭；桂花主题的闻木樨香轩；桃主题的又一村；枇杷主题的枇杷园；桔主题的待霜亭；玉兰主题的玉兰堂，这些景点分别象征雅趣、坚贞、悟道、仙界、富贵、坚守、才华。

宗教的许多内容具有不可再现的特点，所以借用物象象征来表达的特别多，如基督教教堂平面为十字形，象征信仰，红酒象征耶稣血液，面包象征身躯。江南园林的留园主人笃信佛教，不仅把西园捐赠作寺庙，还在留园内布置许多宗教主题景点，如亦不二亭、闻木樨香轩等，借用佛教故事和物象布置，意义晦涩，却又明灭可见，引人思索，幡然醒悟。狮子林原来就是佛寺，太湖石假山象征狮子，象征佛祖，象征须弥山。留园和狮子林是自觉布置，表达明显，拙政园等园林也有宗教题材布置，但多为不自觉布置，分散于点点滴滴，不易发现。

留园闻木樨香轩铺地盘长借佛说象征内心回环贯彻，开悟通明

其五，题名的隐喻。园主标榜文化修养，他们以含蓄优雅的文字给园林建筑起名、题额、配对联、写诗文，通过文字曲折地表达自己的思想，是园林建筑的一个重要组成部分。

文字与题名的第一种涵义是自我标榜，体现孤高傲世的文人风骨和士大夫情调，其表达较为含蓄。比如留园、拙政园、狮子林都有这样的例子，下文将一一详述。

　　文字和题名的第二种含义是官场失意的园主以文字和题名方式自我解嘲。历代文人不管表面如何清高，都有实现自我价值的倾向，想到官场一试身手，连李白这样表面不屑为官的傲世奇才，也企盼朝廷重用他，整日为得不到朝廷赏识而发愁："只为浮云能蔽日，长安不见使人愁。"后来还是做了永王李璘的幕僚。像李白一样，种种不测因素使许多文人从官场上败退下来，他们往往选择自我解嘲方式宣泄胸中因失败而郁积的块垒。苏州几所园林的园名正反映了这一点。拙政园园主王献臣失意回乡，在苏州城内购下200余亩地，请文徵明设计，历时16年建成该园。他自比西晋潘岳，借《闲居赋》句意："庶浮云之志，筑室种树，逍遥自得，池沼足以渔钓，春税是以代耕；灌园鬻蔬，以供朝夕之膳；牧羊酤酪，俟伏腊之费。'孝乎唯孝，友于兄弟'此亦拙者之为政也。"给园取名"拙政园"。"拙"字指不善在官场周旋之意，与陶渊明"守拙归园田"句中的"拙"字意思相同，他自认官场斡旋之技拙劣，取园名自嘲，以消解受杖遭贬的羞愧。

拙政园题名以自嘲平衡内心

　　网师园，清乾隆时光禄寺少卿宋宗元"倦游归来"修筑而成。梁章钜《浪迹丛谈》写道："盖其筑园之初心，即藉以避大官之舆从也。"官至光禄寺少卿的宋宗元从官场"倦游归来"，借故址万卷堂"渔隐"之名，自比渔人，以"网师"命园名表示自己只适合做江湖中渔翁，其中亦含自嘲意味。

吴江同里退思园，园主任兰生，同治年间授资政大夫，赐内阁学士，光绪三年（1877）任安徽凤阳等地兵道，管辖凤阳、颍川、六安、泗洲的两府两州，仕途顺畅。但在光绪十年（1884）因过失被弹劾落职还乡，遂建园闭门思过，取名"退思园"。"退思"语出《左传·鲁宣公十二年》："林父之事君也，进思尽忠，退思补过。"然而，文人自尊，往往心口不一，表面诚恳反思，实质自嘲。

文字与题名的第三种含义是园主对人生反省，中间纠结着入世的儒家思想、出世的道教思想和考虑生死意义的佛教思想，这方面内容主要与宗教思想交织在一起，反映官场之外文人依托宗教对人生意义的反思和玄想。有的园主干脆念经吃斋，表示对凡尘世界的遗弃，专心研究觉悟之道。这种情况其实正是对入世失望的文人无可奈何的结局。

留园静中观题名纠结着入世的儒家思想、出世的道教思想和考虑生死意义的佛教思想

苏州私家园林中的题名，其背后所隐藏的含义正是中国文人精神的集中体现，只是表达方式不同于一般，象征形式使表达含蓄、委婉，有时甚至晦涩。这些题名在功能上起到引景作用，极大地扩大了景点的内涵。

江南园林的本质

同样可以总结，隐藏在园林形式背后的除了观念外，还有园主的丰富情感世界，他们的精神内容构成了园林的本质。

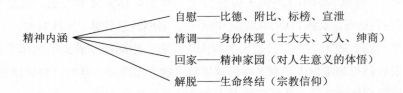

精神内涵
- 自慰——比德、附比、标榜、宣泄
- 情调——身份体现（士大夫、文人、绅商）
- 回家——精神家园（对人生意义的体悟）
- 解脱——生命终结（宗教信仰）

官场失败者较多地把园林作为疗伤之所。如沧浪亭主人苏舜钦、拙政园主人王献臣、退思园主人任兰生、艺圃主人文震孟等均是。其中王献臣受到的侮辱最大，史书记载他曾受东厂两次诬陷，一次还被拘禁监狱，受杖三十。这类人带着强烈的情绪由入世无奈转为出世，受伤的心灵亟需修养抚慰，于是园林的花草树木、山石水池、亭台楼榭、题额字画以及小品铺地布置等都成为他们的寄情之所，重蹈当年王维之辙，效辋川别业之法，经营自己的精神家园。

有的园主笃信宗教，如留园主人徐泰时虽官为明代太仆寺卿，但他和儿子都醉心佛教，园中布置"伫云庵"、"亦不二亭"、"静中观""闻木樨香轩"等研习佛理的景点，其子徐溶更是将西园舍作佛寺，他们像王维一样，以居士的身份在园林中寻找精神归宿。

私家园林与人生仕途起伏纠结在一起，自觉不自觉地信奉宗教，便决定了园林的精神属性，园林必定是情感的产物，所以，园林的实用功能是表面的，精神属性是本质的。寄情园林，寓意布置可以从五个方面进行解析，看出里面有一条循着人生走向终点的脉络。

自我安慰 园主因仕途、人生波折引起内心失衡，为了恢复内心平静，采用古人惯常手法，自励慰藉。具体有比德、附比、标榜、宣泄等方式，园林形象地记录了这种表达。

比德，以事物附比人的德行，借物励志，起到自我激励的作用。园林中常用梅花象征不畏坎坷、荷花象征洁身自好、流水象征智慧、山象征仁爱、残荷象征坚贞、红橘象征坚贞、残荷象征新生等，以此表白心曲。私家园林中的一草一木非比寻常，皆赋予了人文意义。

附比，还有一种自励通过比附圣贤高人、自我标榜来完成。留园五峰仙馆的庭院内堆一数峰耸立的假山，象征庐山五老峰；庭院以石板铺地，象征山的余脉；馆后有清泉，加强山的意象。园主借《望五老峰》诗意，自比李白。

此类比附标榜俯拾皆是，如耦园的"织帘老屋"比附南齐隐士沈驎士，少时织帘，后辞官隐居；留园"濠濮亭"比附庄子在濠水濮水隐居；留园"东山丝竹"比附东晋谢安隐居会稽山。园主通过这类比附使自己精神得到升华。

标榜，标榜性布置也不少，留园"恰杭"题名取杜甫"野航恰受两三人"诗句意，标榜清高。拙政园"与谁同坐轩"借苏东坡词句"与谁同坐，清风、明月、我"，轩内仅布置两只石凳象征清风和明月，借此标榜自己孤高傲世无人可与之为伍，借此自持尊严，独守空寂。

拙政园"与谁同坐轩"只邀请明月和清风

以上看来像是文字游戏，却真实反映出园主肯定自身存在价值的渴求，通过比附标榜把自己装扮成一名"光荣的失败者"，抵消仕途失败感，在一定程度上起到精神慰藉的作用。

宣泄，通过比德、比附、标榜稳住了失落心理的阵脚，为远离官场闲居市井找到了一个体面的理由——隐居。然而，像王献臣这样受过奇耻大辱的人来说，比德、比附、标榜还难消胸中怨气，需要另外一些宣泄情绪的途径，于是采用自我解嘲、借物讽时方法，借题名、花木尽情宣泄。拙政园名"拙政"自嘲不善为官之道，只好躬耕田亩，行孝友兄弟。他在园中遍植荷花，借荷花出淤泥而不染把官场比喻为污秽不堪的泥潭，将所有的官僚通骂一遍，同时把自己比喻为远离污秽、亭亭玉立、一尘不染的莲花。他还在水池边建造主厅，堂名"远香堂"，借周敦颐《爱莲说》文中"香远益清"意，标榜自己不向权贵妥协的精神，实在是非如此不足以宣泄胸中恶气。

沧浪亭主人苏舜钦，自号"沧浪翁"，日日"向沧浪深处，尘缨濯罢，更飞觞醉"，方觉"迹与豺狼远"，同样是采取扬己抑彼来宣泄情绪。

艺圃园主是文徵明曾孙文震孟，明天启元年（1621）考中状元，时已 50 岁。后官至礼部左侍郎兼东阁大学士，为天启、崇祯两帝讲课，态度严正，为人刚直。由于抵触魏忠贤及其遗党，最终被排挤削职，回乡后第二年便抑郁而亡。此园原名"醉颖堂"，易手文震孟后，改名"药圃"。"药"有双关语意，第一层意思指香草，另一层意思暗含"医病"的意思，宣泄自己对朝廷政治不健康的强烈不满。

回家 江南园林文化表现出的纠结缠绕，说明园主人对生命意义认识的迷失，"四十而不惑"，说的是人生阶段特征，其实四十岁是人生遭遇精神危机的十字路口，这个年龄段的人已经阅历颇丰，读书做官或经营农商者懂得了生活之道；婚姻生育，懂得了男女之情，四十岁之前的懵懂与忙碌难以了解的内容，在四十岁这一时刻，蓦然回首，人生的全部内容突然变得清晰可知，没有更多的未来吸引你。油然而生的强烈失落感最容易引发"生命的意义是什么"这样的问题，这个问题成为纠缠每个人后半生的终极问题，更何况那些经历人生波折，曾经是官僚的有思想的读书人。追问生命的意义者可能会走向宗教，因为只有宗教具备了关于生命问题的种种答案。苏州园林的主人毫不例外地深入到了宗教境界，他们的思考有意无意地变成了园林布置，如狮子林的假山、留园亦不二亭的竹子、静中观的建筑布置和闻木樨香轩的桂花树，还有拙政园的雪香云蔚亭对联和梅树等等。中国的园林史似乎忽略了中国园林中的宗教问题，却把眼光集中到日本的庭院，看到了日本庭院散发出的浓浓禅味，这显然是不可原谅的遗忘与错误。其实早在唐朝王维的辋川别业已经是香气缭绕，王维在竹里馆、辛夷坞、鹿柴几个僻静处静坐参禅久矣。中国的私家园林当然不会缺失这个传承，上述苏州园林几处与宗教有关的代表景点，充分反映了思考生命意义是园林的重要主题之一。

人生的终极限制是年龄，不管是仕途得意者还是人生落魄者，最终面对死亡问题时，都会寻找最后一站作为告别生命的落脚点，然后在生命的最后站点中留下自己对人生的终极思考和对生命意义的拷问，园林布置忠实记录了园主们对"回家"的思考。

也许，生命周期律是个令人不愉快的话题，不过有许多文人还是禁不住破题哀叹，李白："黄河之水天上来，奔流到海不复回。高堂明镜悲白发，朝如青丝暮成雪。"苏东坡："哀吾生之须臾，羡长江之无穷。"说得最揪心的是晏殊："无可奈何花落去，似曾相识燕归来"，把人生一世，草木一秋说得通明透彻，而且是如飘零落花般的无可奈何，这是何等的无言伤痛。《红楼梦》八十回也好百二十回也好，千言万语的香艳富贵到头来都中了一个谶语——空，合了《金刚经》一句话："凡所有相，皆是虚妄。"繁华园林的背后同样也脱不了这个悲情本质，园林流转了千百年，几经毁建，屡易其主，王献臣之辈而今安在哉！其实，当年他们在园中莳华弄草闲步吟唱时，或会友宴请欢声笑语间都已深知这个"空"字，只是大家无奈讳言罢了，无言之痛乃真痛，看花开时知花落，人之悲剧也。当然，游园林要看出这点，还需有一定年龄、阅历再加上自己用心慢慢去悟，悟了，就看出了园林中的悲情符号。李白在《望庐山五老峰》一诗末尾写道："吾将此地巢云松"，道出了他晚年疲惫的心声，以此作苏州园林的注解最是合适。留园五峰仙馆内对联"历宦海四朝身，且住为佳，休辜负清风明月；借他乡一廛地，因寄所托，任安排奇石名花"则作出了绝妙的呼应。

解脱　出于本能，人类都眷恋生命，恐惧死亡，如何减低对死亡的恐惧成为全人类都在考虑的问题，结果难免走向宗教，这就决定园林不可能游离于宗教信仰之外。园主如何寄托或反映自己对生命未来的愿望和思考是园林布置中最为晦涩和费解的部分。

以本土宗教来讲，东汉之前一直处于缺位状态。西汉汉武帝采纳董仲舒建议，确立儒学权威，起到代宗教的作用。以后历朝皆如此，以致有人称其为儒教。可是，儒学终归不是宗教，既没有超自然力量的神鬼系统供膜拜，也没有对人的终极关怀，故而不可能成为中国人宗教信仰的归宿。儒学就其本质而言，是被帝王利用管理社会的工具。东汉初年，中国人从邻国印度接受了佛教，聊以弥补中国人对宗教信仰的强烈需求。

本土的宗教道教在东汉中后期姗姗建立，可惜道教有致命弱点：其一，不是一神教。三清殿供奉的是原始天尊、灵宝天尊和道德天尊三神，没有唯一的至高无上的万能主宰。到了北宋，才塑造出具体掌管三界最高权力的玉皇大帝，但是身份模糊；因为按照道教教义，玉皇大帝不是最高神格，他只是神界的行政首脑，地位在三清之下。玉皇大帝在实践中虽然逐渐成为道教信仰的核心神格，但在逻辑上和信仰中始终是一个半路杀出的名不正言不顺的尴尬角色，他既无创世之功，又无拯救之能，更少显灵护佑之德，因此成不了道教真正意义上的信仰核心，这就阻断了一神教的最终形成。其二，神灵缺乏超自然力量的表现，即对人类终极的关怀和显灵拯救示范不够。三神的宣传静态而简单，仅介绍他们在创世三阶段中的分工，没有给民众带来现实的"功德"，引不起人们对其膜拜的热情。其三，职业化和制度化不够。道教场所和仪式规模不大，职业传播队伍单薄，神职人员不多。其四，形成时间相对晚，特别是晚于佛教传入，佛教占据先入为主的有利地位，信众大量分流至佛教，削弱了道教的影响。

上述情形不免三个不良后果：一是养成精神流浪的习惯；二是没有本土信仰根基，惯于接受外来宗教（包括文化）；三是宗教意识趋于淡薄。前两者造成实用主义，当精神空虚需要宗教时，随便皈依，随后又草率返俗，甚至改变信仰。如佛教传入后很快就被中国化，引进的不是全部而是部分，是能够解决中国人最关心的财、寿、子、贫、病、绝等问题的部分。宗教意识淡薄的后果则表现为宗教立场不坚定，甚至肆意改造宗教，如宋代取消菩萨原有的蝌蚪形小胡髭，使神像女性化。

中国的精神家园有多种宗教，多个神灵共处，由于信仰的多种选择和先后出现，众神像走马灯似地登上中国历史舞台，中国人便像站在走马灯中央的观众，神灵绕着俗人转。这使中国人往往处于不定的选择状态，信仰朝三暮四，或者几种宗教兼而信之，甚至热衷做宗教之间互相融通的事，佛、道、儒合流常被津津乐道。佛道瓜分一座山，山脚供奉佛教神像，山上供奉道教神像的现象司空见惯。

信仰以外的精神问题同样严重，集中在追求精神独立与封建专制制度之间的尖锐冲突，剖析中国封建政权应该是这样的结构：

在这样难以抗争的羁缚中，多少文人问佛问道，身心两离，无奈选择出世隐逸，独善其身，最终走向宿命的终点。他们在园林中借题名、植物、山石、水池、建筑、摆件、装饰、纹样、布置等物象或寄寓自己的愿望和信仰，或标榜自励，借此慰藉心灵，从这点讲，园林是他们实现精神自我慰藉的乐土。当然，深刻地说，园林实质是他们无奈的归宿，只是一块宿命的乐土罢了。

由上可见，园林是观念的形式，精神的家园。古典园林中不排除存在像克莱

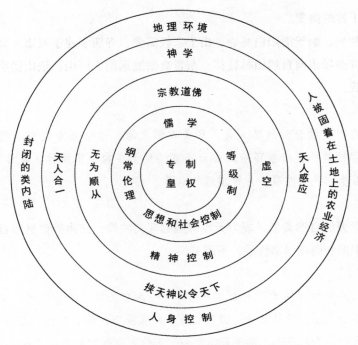

专制皇权的四重实现——精神自由难以抗争的羁绊

夫·贝尔（Clive Bell）所说的"有意味的形式"，即偏于感性创作的无意义的形式美，但中国古典园林形式中大都被赋予了"意义"，是由多层意义叠加而成的文化符号，这是中国特定的历史文化决定的，也是园林艺术最有价值之所在，因而中国文化更多的是有意义的形式。我们传承园林艺术时，切忌抛弃意义作纯粹形式的拼凑，惟有将江南园林放在艺术哲学层面，才能避免误解江南园林艺术、将其无意义化引致低俗粗浅化的悲剧发生。

五、精神家园

狮子林：佛俗一家

狮子林比较特殊，就其历史发展而言有两个阶段，第一阶段是作为寺庙园林的狮子林；第二阶段是转变为文人园林。下面我们先了解寺庙园林的来由，以帮助理解狮子林的演变。

佛教初兴，始于洛阳白马寺。出于宗教需要，寺庙多建于城市。魏晋隐居之
风推动佛寺由城市向自然山林转移。东晋高僧慧远隐入庐山，依山傍水，建东林
寺。有记载：

> 远创造精舍，洞尽人美。却负香炉之峰，傍带瀑布之壑。仍石叠
> 基，即松栽构。清泉环阶，白云满室。复于寺内别置禅林，森林烟凝，
> 石径苔生。凡在瞻履，皆神清而气肃焉。[1]

东林寺旁的自然美景，成为天界佛国的现实映像，使佛教更具号召力。自然
山林寺庙中的和尚则尽享快乐，不羡王侯：

> ……种种劳筋骨，不如林下睡。……本自圆成，不劳机杼。世事悠
> 悠，不如山丘。青林散日，碧涧长流。卧藤萝下，块石枕头。山云当幕，
> 夜月为钩。不朝天子，岂羡王侯？……兀然无事做，春来草自青。[2]

文中反映出家人生活慵懒闲散，无忧无虑，天界佛国不过如此。

然而，佛教的对象毕竟是人而不是自然山水，寺庙还得回到人口集居的城市
中去。魏晋以后，佛寺在城市普遍出现。佛寺经过魏晋自然山水化后，在城市建
造时已完全不同于衙署式的白马寺，而是模仿自然，布置山石、水景、树木。由
于受空间和自然条件限制，只好采用象征手法。日本接受中国文化，并发扬光
大，把寺庙园林象征布置发展到极致。

日本园林艺术和佛教都是从中国漂洋过海引进的舶来品，但两者很快在太平
洋岛国融成一体，园林嬗变为佛理非常浓厚的所在，园林的休闲意义被大大削
弱，很大程度上被作为传达高深禅理的媒介，其典型是京都的龙安寺庭园。它是
在一方耙过的白砂上由十五块岩石组成五组抽象作品，如何理解它的含义，许
多外国学者发表了独特的意见，蓝敦·华纳认为"一组岩石也许可以看作老龙

---

[1]《高僧传·慧远传》，任晓红：《禅与中国园林》，商务印书馆国际有限公司 1994 年版，第 68 页。
[2]《祖堂集·乐道歌》，任晓红：《禅与中国园林》，商务印书馆国际有限公司 1994 年版，第 75 页。

及其子女在瀑布或激流的水花之中翻腾嬉戏"；威尔·彼得森则将园中岩石比作"十六罗汉"。不管这些比喻确切与否，说明这组岩石导引观者突破这一方砂子的空间，起了突破时空、由此及彼的想象作用，蓝敦·华纳说得好，"禅暗示观者依照他自己的想象去完成他自己的意念"。一座园林有多种要素构成，威尔·彼得森分析龙安寺时把宗教意识观念特别提出来作为强调：

> 在注视这片空的空间时，岩石亦不可忽视，岩石跟沙子以及沙子的属性一样，亦是日本美学中的一个基本要素；所有这些，以及其他的一些成分，都有助于在庭园的里面，造成一种错综复杂的重要联想。将造园艺术的无数优点带入这座显然单纯的花园之中，使之与丰富的宗教上、神话上、或意识上的观念，以及由许多世纪累积而成的历史关联发生化合作用，并非不可能之事，任何人，只要讨论到龙安寺这座庭园，如果不能把所有这些东西都列入考虑的话，都难免有以偏概全的危险。[1]

龙安寺没有明确答案，但十五块岩石布置隐含宗教思考不可否定，外国学者从禅的角度审视理解十五块岩石，其分析的切入点无疑是正确的，佛教主张自我觉悟，龙安寺十五块岩石布置的出发点恐怕即在此。

日本龙安寺十五块岩石布置有许多佛家的涵义

---

[1] 铃木大拙：《禅与文化》。

不过，中国寺庙园林与日本寺庙庭院不同，不仅空间大，而且内容要丰富得多，苏州狮子林就是一佳例。

　　狮子林最早建园在元至和二年（1342），元名僧天如禅师维则的弟子在苏州"相率出资，买地结屋，以居其师"，因天如禅师的师傅中峰居住浙江天目山狮子岩，又《大智度论》说："佛为人中狮子"，所以建园用"花石纲"遗下的湖石多叠假山，各拟狮子态。

　　整园前寺后园，取名狮子林，亦称狮子寺，1352年名"普提正宗寺"。明代叫"狮子林圣恩寺"，万历年间加建佛殿、经阁、山门。清代顺治年间重建经阁，经五六百年"经阁既成、大殿并峙"，一时香火旺盛，乾隆十二年（1747），又改名"画禅寺"。狮子林全园假山构成上、中、下三层，有山洞二十一个，曲径九条，构建"山深重峨，峰高峦青，净土无为，佛家禅地"，把占地1.73亩地的假山象征为佛家须弥山。

须弥山意境

桥连接彼岸世界的须弥山

中国是多神教国家，特别在佛教传入后，很快与本土道教并行相融，形成佛道互补局面。狮子林在假山中设一"棋盘洞"，典出于道教二仙吕洞宾和铁拐李对弈，就是佛道相融的表现。还有，狮子林把1.73亩地的假山象征为须弥山，也受道教"壶中天地"的影响。壶中天地典出晋葛洪《神仙传》卷五《壶公》中记载的一则故事：

> 壶公者，不知其姓名……汝南有费长房者，为市掾，忽见公从远方来，入市卖药，人莫识之。卖药口不二价，治病皆愈……常悬一空壶于屋上，日入之后，公跳入壶中，人莫能见，惟长房楼上见之……公语房曰："见我跳入壶中时，卿便可效我跳，自当得入。"长房依言果不觉已入。入后不复是壶，唯见仙宫世界，楼观重门阁道宫，左右侍者数十人。公语房曰："我仙人也。昔处天曹，以公事不勤见责，因谪人间耳。"

故事中的壶虽小却容纳了道教的仙宫世界，这则故事常被园艺家比喻小中见大的私家园林。

狮子林假山以小见大还借助石头的象征义。白居易在《太湖石记》中解释牛僧孺嗜石原因：

> ……石无文、无声、无臭、无味……而公嗜之何也？众皆怪之，吾独知之。……撮而要言，则三山五岳，百洞千壑，尔见缕簇缩，尽在其中。百仞一拳，千里一瞬，坐而得之，此所以为公适意之用也。

后北宋皇帝徽宗在《艮岳记》中对园中假山也道出其象征义：

> 而东南万里，天台、雁荡、凤凰、庐阜之奇伟，二川、三峡、云梦之旷荡，四方之远目异，徒各擅其一美，未若此山并包罗列，又兼其绝胜。……虽人为之山，顾其小哉！……则是山与泰、华、嵩、衡等同，固作配无极。[1]

---

[1] 王明清：《挥麈后录》卷二。

既然一石一峰都能比作三山五岳，把占地 1.73 亩地的假山象征为佛家须弥山就在情理之中了。

　　狮子林作为寺庙园林，除了假山富含禅义外，还有许多其他宗教遗存，可从文字和布置两方面寻见。如燕誉堂对联的上联：

　　　　具峰岚起伏之奇，晴云吐丹，夕朝含晖。尘刹几经年，胜地重新狮
　　子座。

燕誉堂北小方厅对联：

　　　　　　　　　石品洞天标题海岳
　　　　　　　　　钟闻古寺镜接嫏嬛。

　　园内还有"禅窝峰"、"狮子峰"、"翻经台"题名都在文字上直接让人看出狮子林的寺院性质。用得较含蓄的宗教性题名有"修竹阁"，"修竹"取自《洛阳伽蓝记》："永明寺房厂，连亘一千间，庭列修竹，檐拂高松。"以借名寺声望。

阁边修竹表示聆听佛祖的神启

还有"立雪堂"，它取意《景德传灯录》记载：禅宗二祖慧可去见菩提达摩人，夜遇风雪，但他求师心切，不为所动，在雪中站到天亮，积雪盖过了他的双膝。菩提达摩见他心诚，就收为弟子，授予《楞迦经》四卷。立雪堂原为僧人传法之所，所以用此题名，苏州多种导游手册以"程门立雪"故事解释，实为谬误。

狮子林在长达 600 多年时间里，一直作为寺庙园林而存在。1918 年，著名美籍华人建筑家贝聿铭家人，耗资七八十万银两，引入西洋审美情趣，大规模改建。通过这次大修，寺院气氛大大削弱，佛殿、经阁、山门均不复见，但园中建筑引用额题、对联以及假山布置仍保留原先面貌。在削弱寺庙气氛同时，园林布置注入文人精神，自此始，这座寺庙园林转变为文人园林。可以从以下布置和文字题名看出。

原来狮子林北部有古松五棵，故又名"五松园"。五棵松树没有被保留下来，在原址东侧后有元代所植古柏数棵，苍虬如铁，成为狮子林主景之一。

松柏四季常青，在一派萧条的冬季仍郁郁葱葱，充满生机，苍老盘曲的树干在霜冻飞雪中挺立，显现坚毅的品格和强大的生命力。"岁寒，然后知松柏之后凋也"是《论语》给予的赞誉。"抚孤松而盘桓"，表达了弃官回乡的陶渊明向往崇高的情操。松柏树龄长，有的逾千年，木质不易遭虫害和腐烂，因此，松柏象征坚毅、高尚、长寿和不朽。松树与鹤一起的画面，象征长寿与成仙。

正对古柏建轩丽楼阁，名"揖峰指柏轩"。指柏轩题名原出自禅宗公案"赵州指柏"，说从谂禅师在赵州主持观音寺时，弟子多次询问祖师达摩自西来东的目的，从谂则重复答曰："庭前柏树子"，暗示不应执着一念，万事要任其自然。后人取朱熹诗"前揖庐山，一峰独秀"和高启诗"人来问不应，笑指庭前柏"的意思，由宗教转为文人解释。

"辑峰指柏轩"内有对联一副：

> 看十二处奇峰依旧，遍寻云虹雪月溪山，最爱轩前千岁柏；
> 喜七百年名迹重新，好展朱赵倪徐图画，并赓元季八字诗。

古"五松园"植松，"辑峰指柏轩"前植柏，象征独立天地，风骨长存的崇高品格。

"双香仙馆"，馆内有梅，馆外有荷，冬春，梅花傲霜斗雪，可以励志；夏秋，芙蓉"出污泥而不染"，可以清心。梅莲并香，象征园主纯洁的情操和借物明志的愿望。"扇亭"邻靠"双香仙馆"，内有"文天祥诗碑"，上刻文天祥狂草《梅花诗》：

静虚群动息，身雅一身清，
春色凭谁记，梅花插座瓶。

这首诗表达文天祥寄梅咏怀、洁身自守的节操。园主借文天祥之笔道出自己心迹。

"暗香疏影楼"，取宋林逋《山园小梅》诗句"疏影横斜水清浅，暗香浮动月黄昏"之意。推窗可见"问梅阁"处数枝梅花斜斜地指向池岸。

梅与松竹有所不同，松竹历严寒而不凋，万木萧条独我荣，梅树属落叶乔木，深秋之后便枝桠嶙峋，瘦影可怜。但梅的可贵之处是它孕蕾于隆冬寒风之中，率万木之先开花于早春二月。早春二月，万木未苏，举目远望，一派沉寂景象，于霜雪冰冻肃杀之后，梅花悄然绽蕾，无有可以为伍者，可谓茕茕孑立，形影相吊。王安石写道："墙角数枝梅，凌寒独自开。"陆游也写道：

驿外断桥边，寂寞开无主。已是黄昏独自愁，更著风和雨。无意苦
争春，一任群芳妒。零落成泥碾作尘，只有香如故。

被欧阳修、苏东坡誉为古今咏梅绝唱的是宋隐逸诗人林逋的"山园小梅"，诗写道：

群芳摇落独暄妍，占尽风情向小园。
疏影横斜水清浅，暗香浮动月黄昏。
霜禽欲下先偷眼，粉蝶如知合断魂。
幸有微吟可相狎，不须檀板共金樽。

看梅花怎一个"独"字了得！梅花的特征博得无数文人青睐，历代以来，借梅咏志的作品多得不可胜数。梅花傲骨嶙峋，凌寒独放，不畏杀机，他人皆睡独我醒，象征执着、坚韧和机敏；"铁杆虬枝绣古苔，群芳谱里百花魁。"冰肌玉骨，象征纯洁；"零落成泥碾作尘，只有香如故。"孤芳自赏，本色不变，象征气节。狮子林梅花主题，用作自我勉励和自我标榜。

近代新添三迭瀑布，隐于"问梅阁"旁，有高士隐逸山水间之意。

拙政园：彷徨与逃逸

园主王献臣罢官后失意回乡，在苏州城内购下200余亩地，请著名画家文徵明设计，历时16年建成该园。文徵明在《王氏拙政园记》中说，最初的拙政园建筑不多，仅一楼、一堂和八间亭、轩。园主重在经营花坞、钓台、曲池、果圃，所以园林"明瑟旷远"，"茂树曲池，胜甲天下"。王献臣自比西晋潘岳，借《闲居赋》句意给园取名"拙政园"。"拙"字指不善在官场周旋之意，与陶渊明"守拙归园田"句中的"拙"字意思相同，他自认官场斡旋之技拙劣，取园名自嘲，以消解受杖遭贬的羞愧。由于园主的坎坷经历，拙政园突显出三大主题：隐居、标榜自励、生命关怀。

沧浪池上有"梦隐楼"，登楼可眺望城外诸山。一天，王献臣到九鲤湖祈祷求神，夜间梦见"隐"字。拙政园前身曾为南朝高士戴颙和唐朝诗人陆龟蒙旧宅，正暗含一个"隐"字，于是建楼以示佳兆，并名"梦隐楼"。楼建成后，文徵明写诗点题：

> 林泉入梦意茫茫，旋起高楼拟退藏。
> 鲁望五湖原有宅，渊明三径未全荒。
> 枕中已悟功名幻，壶中谁知日月长。
> 回首帝京何处是，倚栏惟见暮山苍。

诗中说王献臣官场失败，别无选择，在隐居者旧宅建园，是跳入壶中另觅天地，自慰余生。这番点题道出了王献臣的无奈心情，十分恰切。

因王献臣遭遇与沧浪亭主人苏舜钦相似，命名梦隐楼前水池为"小沧浪"，

以效前人之志。文徵明诗曰：

> 偶傍沧浪构小亭，依然绿水绕虚楹。
> 岂无风月供垂钓，亦有儿童唱濯缨。
> 满地江湖聊奇兴，百年鱼鸟已忘情。
> 舜钦已矣杜陵远，一段幽踪谁与争。

"桃花沜"，在小沧浪东，有桃花夹岸，花开时烂漫若霞。此取陶渊明《桃花源记》中与世隔绝的意境，象征隐居。文徵明有诗云：

> 种桃临野水，春暖树交华。
> 时见流残片，常疑有隐家。
> 微波吹锦浪，晓色涨红霞。
> 何必玄都观，山中自岁华。

此诗可看作王献臣对壶中天地的经营。

"钓䂬"，水边大石块，象征园主人出世功名皆忘，惟与耕钓为伴。文徵明诗曰：

> 白石净天尘，平临野水津。
> 坐看丝袅袅，静爱玉粼粼。
> 得意江湖远，忘机鸥鹭训。
> 须知演纶人，不是羡鱼人。

最后两句显然是文徵明反孟浩然诗句"坐观垂钓者，徒有羡鱼情"之意而出，强调王献臣已远离势利场，不在乎得失。

"槐树亭"，在桃花沜附近有一棵古槐树，树冠广大，伸出如屋盖，称"槐幄"。周围又植榆、竹、等，王献臣在这片林木荫翳处临水建亭，以自己名号"槐雨"命名，寄寓心迹。文徵明又有诗破解：

> 亭下高槐欲浮墙，气蒸寒翠湿衣裳。
> 疏花靡靡流芳远，青荫垂垂世泽长。
> 八月文场怀往事，三公勋业付诸郎。
> 老来不作南柯梦，独自移床卧晚凉。

诗中槐树，开淡黄色小花，结长条形荚实，形似金元宝，被视作吉祥物。《抱朴子》："此物至补脑，早服之令人发不白而长生。"槐还是公相的象征，《周礼·秋官》："朝士掌建邦外朝之法，面三槐三分位也。"又民间谚语："门前一棵槐，不是招宝就是进财。"王献臣号槐雨，拙政园植槐树并建槐树亭均与上述吉祥象征义有关。文徵明在诗中巧用槐树典故，"老来不作南柯梦"，借此表明王献臣不再作入世之想。典故出自《南柯太守记》：淳于棼在槐树下做梦至槐安国，国王把女儿许他为妻，并任命他为南柯太守，享尽荣华富贵。后与敌战争失败，公主也死去，他被国王遣回。醒后见槐树下有蚁穴，是梦中槐安国。后人把虚幻梦境称为"南柯"。

槐树亭象征王献臣不再入世

　　隐居者总是伴有无奈、不甘心情绪。尽管几经包装，把隐居说成高士傲世，无一点落拓之意，但局内人自知装饰门面背后的尴尬，往往借助自嘲开脱自己。槐雨亭后有一建筑名"尔耳轩"，题名取自古语"未能免俗，聊复尔耳"。苏州有叠石为山的风俗，王献臣在轩内置水石盆景，点明"未能免俗"涵义，借以自嘲。显然，这里的"未能免俗"所指对象绝不是叠石为山，而是指自己打起隐居旗号，却过着城市富豪生活，表面清高，实质脱离不了世俗物欲，算是道出了象征性隐居群体的真实心态。

　　"兰雪堂"位于拙政园东部的"归田园居"。园主王心一，明万历四十一年（1613）进士，天启年间为御史，因弹劾魏忠贤党客氏而遭贬谪。崇祯时仕至刑部侍郎。有《兰雪堂》八卷传世。他精于作画，自作《归田园居》卷轴，题字云："风波吾道稳，垂钓一舟安"，回顾身世颇有领悟。"兰雪堂"取唐李白"独自天地间，清风洒兰雪"诗句意，寓意园主品行高洁，独立天地不随污浊。王心一归居田园后不问政事，专与雅士聚谈仙释玄理，颐养天年保全名节。顾诒禄《三

王献臣借尔耳轩题名自嘲未能免俗

月三日归田园修禊序》写道：

> 坐危石，荫乔柯、解衣磅礴，散发咏歌。谈仙释之玄理，征古今之逸闻。迨主客既醉，少长忘年，手掬悬溜，身卧落花。

情景胜过王羲之等人的兰亭修禊之乐。兰雪堂为归田园居故址第一进建筑，以此寓意作为全园灵魂十分恰切。

拙政园的"玲珑馆"与沧浪亭"翠玲珑"一样，题名取意于苏舜钦《沧浪怀贯之》诗句"秋色入林红黯淡，月光穿竹翠玲珑"。庭院内竹林青翠，馆门上有"玉壶冰"匾额，两边列对联：

> 曲水崇山，雅集逾狮林虎阜
> 莳花种竹，风流继文画吴诗

入门，馆内又有对联：

林阴清和，兰音曲畅

流水今日，修竹古时

　　匾额"玉壶冰"取自鲍照《低白头吟》诗"直如朱丝绳，清如玉壶冰"句意，既概括了"玲珑馆"表达洁身自好的主题，也点明庭院竹子的象征意义。

　　拙政园中部植黑松几棵，旁边建一小室，《南史·陶弘景传》："特爱松风，庭院皆植松，每闻其响，欣然为乐。"故名"听松风处"。室内有额题道："一庭秋月啸松风"，边侧又有"得真亭"，取《荀子》"桃李倩粲于一时，时至而后杀，至于松柏，经隆冬而不凋，蒙霜雪而不变，可谓得其真矣"之意。亭壁有康有为手书对联：

松柏有本性

金石见盟心

　　香草，指散发芬芳香气的草，《楚辞》中有大量描写，如兰芷、薜荔、蕙兰、杜若、杜蘅等，后被世人喻为忠良之人和君子。拙政园"香洲"额下有跋云：

香洲题名象征君子

文待诏（文徵明）旧书"香洲"二字，因以为额。昔唐徐元固诗曰："撷彼芳草，生洲之汀；采而为佩，爱人骚经；偕芝与兰，移植中庭；取以名室，惟德之馨。"

跋文揭示出"香洲"象征君子的意义。

"湘筠坞"在桃花沜南，槐雨亭北，那里修竹连亘，园主借竹励志。

"志清意远"在小沧浪旁，分别取意于《义训》"临深使人志清"和"登高使人意远"。

留园：无奈与皈依

留园现在归入清代园林。但要真正了解它，必须考察建园初始。记载说，留园前身为明朝太仆寺少卿徐泰时罢官归田后所建，时在万历二十一年（1593）。当时建东西两园，东园"宏丽轩举，前楼后厅，皆可醉客。"徐泰时去世后，其子徐溶将西园舍作佛寺，即今戒幢律寺，苏州人俗称"西园"。这段简史提供两个重要信息：其一，园主徐泰时是罢官还乡；其二，其子徐溶将西园舍作佛寺。这两点决定了今天留园的主题。罢官还乡必然郁闷不乐，如前文分析，当事人通常打起隐居旗号，平衡内心，装饰门面。从时间上看，留园在拙政园建园85后动工建造，为同时代作品，加上徐泰时与王献臣同为官场失意之人，因此，留园主题几乎与拙政园一模一样，也是隐居、标榜自励和生命关怀，只不过各自侧重点和表达方式不同罢了。今天看到的留园虽说多为清代风格，但留园的主题却是从明代传承而来，由徐泰时建园初所定。与拙政园最大的不同点是留园园主更笃信宗教，在生命关怀问题上更多地依赖佛教，企图借助佛教这条途径，解决关于生命意义命题的思想矛盾。

留园中部"涵碧山房"右侧有一去处题名"恰航"，取自杜甫诗"野航恰受两三人"的句意。"恰航"三面环设吴王靠，前方山池相映，波光潋滟，宛如舟行水中，"恰航"的涵义是此等高雅处只好知己二三同坐，"古来圣贤皆寂寞"，能与我为友的不过二三人罢了，标榜园主的孤高。

对面"远翠阁"楼下是"自在处"，题名取自陆游"高高下下天成景，密密

知己二三同舟出游，标榜孤高

疏疏自在花"诗句意。楼前有蔷薇花台，冬去春到，蔷薇花依墙狂蔓，花朵疏密排列，自由自在开放，此处借花喻意，反映文人不受拘束、自由狂放的本性。

水池东部"濠濮亭"，题名出自《庄子·秋水》：

庄子钓于濮水，楚王使大夫二人往先焉，曰："愿以境内累矣！"庄

以濠濮亭题名附比庄子

子持竿不顾，曰："吾闻楚有神龟，死已三千岁矣，王以巾笥而藏之庙堂之上。此龟者，宁其死为留骨而贵乎？宁其生而拽尾于涂中！"

典故讲楚王派使臣请庄子做官，庄子不愿居庙堂之高，却愿自由自在地过平常生活。《庄子·秋水》中庄子与惠子在濠上的对话是庄子对这种境界最好的诠释：

庄子与惠子游于濠梁之上。庄子曰："鱼出游从容，是鱼之乐也。"惠子曰："子非鱼，安知鱼之乐？"庄子曰："子非我，安知我之不知鱼之乐？"

庄子认为，做什么事情应由自己判断。比如做官问题，有人认为不做官没出息，但在庄子看来，你不是我，就不知道我不做官过自由生活的乐趣。留园用此典故，暗喻园主自比庄子，为自己远离官场（不管何种原因）粉饰。

留园主人徐泰时罢官还乡，胸中的郁积难以排解，于是求助宗教，寻觅解脱之门。东园（今天留园）园内有大量的宗教遗存，既有佛教，也有道教。

建筑集聚的东部是园主生活起居所在，其中"伫云庵"、"参禅处"、"亦不二亭"构成园主佛事活动的场所，反映园主宗教信仰与日常生活不可分离的关系。那里植有竹林一片，精心养护，氤氲着佛教气氛，游客驻足竹林，微风乍起，顿觉心灵澄澈，感受异于别处。留园的竹子象征园主对佛教的信仰。"伫云庵"为一长方形小院，有泉有峰，清爽宁静，参禅处在冠云楼偏东，内有对联：

儒者一出一入有大节

老者不见不闻为上乘

下联表明参禅时必须保持心境清静，不为尘虑所扰，《宝积经》说："诸佛如来，正真正觉，所行之道，被乘名为大乘，名为上乘。"无尘凡杂念，依靠内心的、本我的正真正觉，才是佛家的至高境界，对联的佛家思想与苏州私家园林主人标榜出世隐逸、远离官场名利的主题十分相契，说明佛教之所以为许多文人接受，原因就在于佛教既可以作为隐退的理论依据，又可作为内心制衡的工具，很符合中国文人的口味。

东部体现道教神仙思想则有"鹤所"，鹤象征长寿、吉祥，常为仙人坐骑，老聃即驭鹤登仙，以鹤命名反映园主羽化而登仙的向往。

养鹤象征奉道求仙

"林泉耆硕之馆"也有道教味道，对联：

<blockquote>
瑶检金泥封以神岳
赤文绿字披之宝符
</blockquote>

赤文绿字指道教经籍《河图》《洛书》，其文字符号分别为红、绿颜色。

道教神仙思想延伸到中部，留园中部以涵碧山房为中心，作山水园景布置。池中设一小岛，名"小蓬莱"，是园主求仙思想的表露。

第六章　江南园林建筑纹样涵义的发生

从文化发展史很容易看出，古人采用纹样，首先是宗教或礼仪仪式的需要和观念的表达，其中很大一部分与早期巫术有关，总的目的在于借助超自然力量实现某种愿望。出于这种目的，其内容必然是先民最关心的事：食物、安全和繁衍。统治者则更关心战争、社会秩序和国家管理。周易八卦、阴阳五行学说代表古人对世界构成的基本看法，八卦图中所列天、地、水、火、风、雷、山、泽和阴阳学说的太极图都是古人崇拜的内容。耕田、家畜、疆界、城池关系国计民生，也极受重视，文化观念、宗教迷信引起的各种神灵异象更是膜拜对象。这些内容广泛出现在文字、礼器、建筑和生活用品中。

纹样可分两类，一类是具象图案，取材于神话传说中的吉祥人物、瑞兽祥鸟、吉利故事以及助人健康、外形美丽的名贵花木。另一类是在具象图案基础上逐步抽象化的图案，抽象化是受时代、工艺、时尚等因素影响所致。图案变形是抽象化的重要原因。

一、《营造法式》中的建筑纹样

宋代李诚编纂的《营造法式》是中国古代建筑的经典著作，装修在书中有专门章节，其中提到的古建筑经常用到的纹样，对我们理解纹样有参考价值。第二册第十二卷关于雕作制度一节有如下记载：

雕混作之制有八品，一曰神仙（真人女真金童玉女之类同）；二曰飞仙（嫔伽共命鸟之类同）；三曰化生（以上并手执乐器或芝草华果瓶盘器物之属）；四曰拂菻（蕃王夷人之类同手内牵拽走兽或执旌旗矛戟之属）；五曰凤皇（孔雀、仙鹤、鹦鹉、山鹧、练鹊、锦鸡、鸳鸯、鹅、鸭、凫雁之类同）六曰师子（狻猊、麒麟、天马、海马、羚羊、仙鹿、熊、象之类同）……七曰角神（宝藏神之类同）……八曰缠柱龙（盘龙，坐龙，牙鱼之类同）。

其中前六品用于钩栏柱头上或牌带四周及照壁等地方；第七品主要用于屋出入转角大角梁之下；第八品用于帐及经藏柱上或盘于藻井之内。

关于雕插写生花介绍有五种：

一曰牡丹花；二曰芍药花；三曰黄葵花；四曰芙蓉花；五曰莲荷花。

关于起突卷叶花介绍有三种：

一曰海石榴；二曰宝牙花；三曰宝相花（谓皆卷叶者牡丹花之类同）；每一叶之上三卷者为上，两卷者次之；一卷者又次之。

关于剔地洼叶花有七种：

一曰海石榴花；二曰牡丹花（芍药花、宝相花之类卷叶或写生者并同）；三曰莲荷花；四曰万岁藤；五曰卷头蕙草（长生草及蛮云蕙草之类同）；六曰蛮云（胡云及蕙草之类同）。

《营造法式》是官方的建筑专著，所举雕刻纹样图案均以王宫建筑为例，而且《营造法式》没有揭示纹样的详细含义。苏州古典园林建筑由香山帮师徒传承制作，缺乏文化解释，做一样东西，往往知其然，不知其所以然。历代园主也没有留太多文字解释造园的原初思想含义。所以，还必须把《营造法式》提到的雕作纹样的原意寻找出来。前面介绍的雕混作品多用于官方建筑，很少用于私家园林，这里不必赘述。至于后面提到的雕插写生花、起突卷叶花和剔地洼叶花在苏州古典园林装修中较为常见，此处逐一解释其文化含义。

石榴花，西汉张骞出使西域，从安石国带回石榴，称安石榴或海石榴。《西阳杂俎》："唐赞皇李德裕尝言：花名中之带海者悉从海外来。故知海棕、海柳、海石榴、海木瓜之类，俱无闻于记述，岂以多面为称耶，又非多也。诚恐近代得之于海外耳。"石榴花色娇艳，花瓣重叠多折，果实多子，象征多育子女，家族兴旺。

牡丹花，花朵重瓣体大，花容艳丽，形态华贵，有花王之称，前文已有述及。

黄葵花，开黄花的葵有两种，文震亨《长物志》："一曰'向日'，别名'蕃葵'，最恶。秋时一种，叶如爪，花作鹅黄者，名'秋葵'，最佳。"西蕃葵俗称"向日葵"亦称"丈菊"、"西蕃菊"，一年生草本植物。茎高丈余，叶子互生，心脏形，有长叶柄。花黄色，圆盘状头状花序，常朝着太阳。种子叫葵花子，属菊科。葵花向日而倾，象征向往渴慕之忧。《宋史·乐志十五》："千官云拥，群后葵倾。"秋葵也称"黄蜀葵"，一年生草本。叶子掌状。夏季开花，花单生，花冠大型，淡黄色，中央暗褐色，属锦葵科。虽然文震亨认为前恶后佳，但实际运用时，向日葵在图案中也时有发现。向日葵除了可以装饰，其自然特征可又为象征义，象征"渴慕之忧"。

芙蓉花，即"木芙蓉"。锦葵科，落叶灌木。秋季开花，花冠白色或淡红色，单瓣或重瓣，姿态姣美。民间将芙蓉花与牡丹花画在一起，取"蓉"的谐音，叫做"荣华富贵"。将芙蓉花与鹭画在一起，叫做"一路荣华"。

莲荷花，除了中国传统意义以外，在东汉佛教传入后又多一层佛教含义。莲花座是佛祖的坐坛。据说佛祖出身地多植莲花，宣教时常手执莲花，其弟子也效仿传教，所以，莲花在佛教界象征纯洁、清净。莲花纹大量出现于佛教建筑，常见于须弥座、塔幢、柱础、藻井、瓦当等处。

宝相花，"宝相"原是一种蔷薇花的名称。东汉佛教传入，佛教建筑中常用的图案和符号叫宝相花。明代受汉、唐佛教花卉图案影响，结合自然形态花朵（主要是荷花）特征，糅合成装饰纹样，广泛应用于织锦、瓷器、建筑。由于宝相花既有佛教纯洁、清净和庄严的含义，又杂糅牡丹、荷花、菊花等花的特征，所以还有中国传统的吉祥富贵含义。

明代，宝相花成为旋子画的主要摹本，开始用于宫殿彩画，这与宝相花的象征意义有很大关系。宝相花图案也见于苏州古典园林。

《营造法式》说，海石榴花，宝牙花与宝相花无明显区别，"谓皆卷叶者牡丹花之类同"。可见是不同的变式而已。

蕙草也称"薰草"，俗名"佩兰"，香气沁人，《离骚》："余既滋兰之九畹兮，又树蕙之百亩。"古人认为佩戴可以避疫。蕙草被运用，一是其草散发香气为人喜爱，二是避疫。

《营造法式》不可能涵盖中国古建筑的全部纹样，而且《营造法式》作为官方著作，偏宫廷建筑，江南园林许多装修纹样的含义经过文人造园汇聚起来，大大超出《营造法式》范围，下面按具象和抽象分类解释《营造法式》以外的装修纹样。

二、具象纹样

植物

忍冬，又名"金银花"、"二花"。忍冬科，多年生半常绿缠绕灌木，花初白后黄，故名金银花。花色先后呈金银两色，合富贵义，又有解毒功效，可入药，象征驱邪。《本草纲目》载其"久服轻身，长年益寿"，故又有增寿吉祥之意。生态缠绕常绿，则象征生命绵绵无尽。

卷草，先民早期采集活动对解决食物和生活用品短缺具有重要意义，所以在典籍中记载很多。《诗经》提到的植物就有荇菜（水草）、卷耳（苍耳）、苯苢（车前草）、萋、蘩、蕨、薇、藻、葭（芦苇）、蓬、匏（葫芦）、葑（蔓菁）、荼、茅、苓、蕡、茨、唐（蒙草）、蝱（贝母）、王刍、谖草（萱草）、黍、蓷（益母草）、萧、麻、荷、游龙、茹藘（茅蒐）、兰、芍药、莠（狗尾草）、莫、荬、稻、粱、菽、蒹（荻）、荍（锦葵）、仁、苕、鹝（绶草即铺地锦）、蒲、苌楚（羊桃）、蓍、蒉（远志）、薁（野葡萄）、葵（苋菜）、菽（大豆）、瓜、稷、穋、苴、韭、苹、蒿、苔（蓑衣草）、莱、莪、芑（苦荬菜）、遂、葍、莞、簟、蔚、茑、女萝、芹、蓝、荏菽（胡豆）、秬、秠、笋、果蠃（瓜蒌）、麦、蓼、茆（莼菜）等80余种。其中有的是粮食，有的可当菜吃，有的可编制生活用品，有的可治病，均与先民生活息息相关，属于地球上与人类联系紧密的生物链中的一环。人们在诗歌中把植物当作吟唱主题，反映古人对这些植物的依赖，也反映植物的重要地位。草本植物初生时，都有卷叶到舒张的过程，既然植物之于人类是这样的重要，先民就把它们的形状描摹下来，以纹样形式再现于建筑、器具或绘画之中。可以相信，卷草纹应该是这样产生的。

蔓草，又叫吉祥草、玉带草、观音草等，“蔓”谐音“万”，蔓草形状如带，“带”又谐音“代”，蔓草由蔓延生长的形态和谐音引申出“万代”寓意，与牡丹在一起谓富贵万代。

动物

饕餮，饕餮纹具有几重象征意义：饕餮是想象中的猛兽，多用作原始祭祀礼仪的符号，象征神秘、恐怖、威吓，具有超人的威慑力量和肯定自身、保护社会、“协上下”、“承天体”的祯祥意义。神话又传说龙生九子，饕餮好饮食，立于鼎。不管是祭祀符号，还是想象中的猛兽，甚至是龙子，都因其具有超自然力量而受到崇拜。饕餮纹在商周时代多在鼎、兵器等重要器物上出现。鼎初为炊器，后为礼器。商周以鼎“别上下，明贵贱”，成为权力和等级的象征物。传说禹收天下之金铸成九鼎，九鼎象征九州，为传国之宝，立国的重器。《杂卦》：“鼎，取新也。”鼎又有更新的象征义。在故宫太和殿丹陛之上陈列18座铜鼎，合两个九数，象征政权巩固。显然，饕餮在象征立国之器的鼎上出现，含义是护卫国家。

虬纹，虬是古代传说中的一种龙。《离骚》：“驷玉虬以乘鹥兮，溘埃风余上征。”古人解释说，有角曰龙，无角曰虬。《说文解字》却认为龙子有角者曰虬。从纹样看，虬纹较小，且头有角形，与《说文解字》描述相近。神话说龙生九子，它们各自的特性被转换成象征义，按其象征义被安排在建筑（包括建筑附件）相应部位。由此可知，虬纹是龙崇拜，借龙的神威护佑平安。

螭，传说中蛟龙的一种，《说文解字》：“螭，若龙而黄。”蟠螭纹也是龙崇拜的表现。

龟，神话说昼夜交替是由太阳鸟白天载着太阳从东到西，然后由乌龟每天夜晚再背负着太阳从西到东渡过地下黑暗的世界，黑色的乌龟（玄武）被视作北方神。

苏州宋代碑刻平江图记录的三纵四横古城平面布局恰似龟腹。龟长寿，能活千年，伍子胥筑龟形城，寓意霸业千秋。龟甲由线纹划成二十四块，与农历二十四节气一致，古人视为天数，故视龟为神兽。用龟甲占卜、记录卜辞，认为可以通神。赑屃是九个龙子中的一个，龟形状，善负重，常安排在帝陵、城墙等重要位置背负石碑。龟背纹的文化涵义由上述几重堆叠而成。

蝉，古人认为蝉栖息在高枝上，吸饮空气和露水，有"居高食洁"之义。陆云在《寒蝉赋》中总结蝉有五德：

> 夫头上有绥，则其文也；含气饮露，则其清也；黍稷不享，则其廉也；处不巢居，则其俭也；应候守节，则其信也。

汉代显贵冠上饰以蝉纹，称蝉冠，象征高贵。人们观察到，蝉蛹长期埋于土中，出土后蜕皮变蝉，获得再生。《史记·屈原贾生列传》："蝉蜕于浊秽，以浮游尘埃之外。"因此蝉有成仙、再生的象征义。汉代民间习俗在死人口中放一只玉蝉，寓意解脱、转世。这种习俗，延续至今。蝉纹以回纹包围蝉蛹，是蛹生于土中的写实。这里回纹既象征"土"又象征"回转"、"转世"。

鱼，"鱼"与"余"、"玉"同音，所以鱼象征富贵。民俗画中画一缸金鱼，谓"金玉满堂"。鱼在水中的穿行能力和繁殖能力，以及作为先民的主要食物来源之一，是鱼崇拜的原因。早期人类曾将鱼作为崇拜的图腾，新石器时代仰韶半坡的彩陶鱼纹、人面含鱼纹就具有祈福氏族繁盛的含义。

佛教中，神圣的佛脚印上有一对鱼，象征解脱。在受佛教影响的民间，鱼纹样不排除带有这层含义。

"濠濮间想"故事使鱼成为引发哲学辩机的对象，文人观鱼可激发灵感，也是一项有益身心健康的雅趣活动。文震亨《长物志》观鱼篇写道：

> 观鱼宜早起，日未出时，不论陂池，盆盎，鱼皆荡漾于清泉碧沼之

间。又宜凉天夜月、倒影插波，时时惊鳞波刺，耳目为醒。至如微风披
拂，琮琮成韵，雨后新涨，縠纹皱绿，皆观鱼之佳境也。[1]

后来，鱼担任传书任务，古代官方甚至将任命州郡长官时所颁的敕书和符称
作"鱼符"。卢纶《送抚州周使君》诗："周郎三十余，天子赐鱼书。"陆游也有
《遣兴》诗："谁遣经归朝凤阙，不令小往奉鱼书。"唐高祖为避其祖李虎的命讳，
废除虎符，改用鱼符，作为重要的凭据。

耦园木雕鱼纹样寓意吉祥　　　　　　　网师园砖雕门楼，鱼挂在磬上取谐音，谓"吉庆有余"

鸟，早期就和人类生活密切相关的动物。含有象征义的鸟主要有鹤、鹰、
鹊、黄鹂、鹌鹑、燕子、白头翁等。古神话说，太阳每天从东到西是由一只鸟背
负而运行。还说西王母身边有三只青鸟（西王母被视作长生不老之神），据说青
鸟能救人性命，使人死而复活，是生命神灵的象征。

天人感应说把天上南方天空的井、鬼、柳、星、张、翼、轸七颗星想象为
鸟，附会成朱雀，朱雀成为天上人间的南方保护神。苏州古典园林中鸟题材主要
有凤凰和鹤，表示吉祥。

羊，谐音"阳"象征吉祥。画太阳与三只羊，谓"三阳开泰"，为岁首颂辞。
《说文解字》："羊，祥也。"西部少数民族认为羊通神灵，用羊进行占卜问事。《汉
元嘉刀铭》："宜侯王，大吉祥。"

---

[1]《长物志图说》，山东画报出版社2004年版，第146页。

物什

九锡，古代帝王赐给有大功或有权势的诸侯大臣的九种物品。它们是：车马、衣服、乐则、弓矢、朱户、纳陛、虎贲、铁钺、秬鬯。

磬，古代乐器，用石或玉器雕成，悬挂在架上，击之而鸣。商周时出现，佛教传入后，也见于佛寺，用以召集僧众，状似云板。磬也是文人喜爱的杂宝之一。

杂宝，民间看重的宝物，如宝珠、磬、如意（祥云）、方胜、犀角、圣贤书、古钱、鼎、芭蕉叶、元宝、灵芝、瑞草等作为吉祥纹样用于家具、建筑、服饰。

三、抽象纹样

以上是具象图案，从原形中较容易找到它的含义。还有一类纹样已经趋于抽象，文化象征研究告诉我们，人类一切文化现象，哪怕一点一划，只要人之所为，都可追问到它的意义。一幅胡乱涂鸦的画面，用弗洛伊德心理分析法，就可能解析出涂鸦画面的心理意义。所以，完全可以肯定，留在建筑上的纹样绝不是什么偶然的"痕迹"。

文化发展史表明，最初的纹样往往是先民驱邪迎祥的符号，含义古奥。那些图案生动精致，客观上具有审美价值，起到了装饰作用。到近现代，纹样的祈祷意义逐渐消失，装饰意义甚至完全取代了祈祷意义。

知识出版社出版的《吉祥图案题解》列出的抽象纹样有：如意纹、万字纹、回纹、锁纹、方胜纹、盘长、鱼背纹、花草纹、环纹、龙纹、云纹、绣球纹、豹脚纹、鱼鳞锦纹等。这些纹样有的与脱胎而来的原样有相似之处，依稀能辨，含义可寻。有的则难溯其源，已被归结为纯粹装饰功能的纹样。《吉祥图案题解》对列举纹样的解释大多语焉不详，阻碍人们理解园林装修的文化含义，为此，择要诠释，以释其疑。

锁纹，锁有环扣相连，抵拒外侵的意象，古代武士穿的铠甲叫锁子甲，《正字通·金部》："梭子甲五环相互，一环受镞，诸环拱护，故箭不能入。"民间用锁纹，还有一层古老的巫术含义。《红楼梦》第八回"贾宝玉奇缘识金锁，薛宝钗巧合认通灵"写到，宝玉缠着要看宝钗的金锁，宝钗解下后，"宝玉托着锁看时，果然一面四个字，两面八个字，共成两句吉谶"。正面写"不离不弃"，背面写"芳龄永继"。薛宝钗用金锁以辟邪。建筑中的锁纹含义与上面一致。现代青年喜欢在名山铁索上挂铁锁，象征同心永结、生死不离，则是锁的古老象征义的延伸。

环纹，"环"有旋转的意思，环又比喻为事情的一部分，民间环纹象征好事连连。

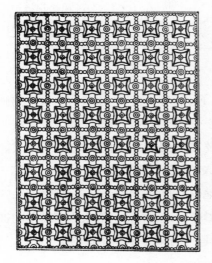

环纹象征好事连连

云雷纹，即回纹，商周青铜器纹饰之一，为连续的回环状线条，一般称圆形为云纹，方形为雷文。根据该纹形象"回"字，通常认为云雷文有运转、绵长的吉祥含义。有学者认为是"同"字演化而来，笔者认为由"畴"字演化而来（后面有进一步论证）。中国文化往往具有"层子模型"特征，随着时间推移，不同的文化含义逐层向上堆叠。云雷纹的含义应该是上述各种含义的总和，但不同时间、不同对象有相对应的含义，不能作简单划一的理解。

绣球纹，与绣球花形有关。绣球花又名"八仙花"、"粉团"，夏季开花，成球形伞房华序，花色美丽。称"八仙花"与传说中的八位神仙有关，被看作吉祥花卉。民间用绸缎结成绣球，象征吉祥和喜庆。绣球纹样有绣球纹、绣球锦等。

绣球纹与传说中的八位神仙有关，被看作吉祥花卉

豹脚纹，古人有借猛兽辟邪的习俗，所以民俗将性情凶猛的豹与喜鹊画在一起，取二者的谐音，谓"报喜"。《唐书·五行志》："韦后妹尝为豹头枕，以辟邪。"豹脚纹即寓辟邪象征义，这与饕餮纹的寓意是同样的思维方式。又《易·革》："君子豹变，其文蔚也。"比喻人的行为变化很大。《三国志·蜀志·刘禅传》："降心回虑，应机豹变。"指人的地位上升为显贵，刘峻《辨命论》："视彭韩之豹变，谓骛猛致人爵。"指汉初，彭韩、彭越、韩信等人因赫赫军功被封王侯。豹脚、豹纹图用于建筑及画稿、文具、什器时，具有上进的象征义。

豹脚纹有辟邪的象征义，豹脚纹取豹斑易变之意，又象征升官封爵

十二章，古代帝王服饰上的十二种纹饰，分别为日、月、星、龙、山、华虫、火、宗彝、藻、粉米、黼、黻。初看，这些纹样都是具象内容，实际上它们的含义与物象原义有很大不同，其含义与物象之间已转变为象征关系，即物象的含义通过比拟、联想等途径而建立。所以十二章表达的意思往往不是第一层的，如"龙"不是取吉祥含义，而是取其灵活善变的含义。这样，原本看来是具象的纹样实际上是抽象的。北周时，六种纹样用在上衣，六种纹样用在裳（后世的裙）。以后唐、宋、明历代的用法有所不一样。十二章的含义是：

日、月、星，取三光照耀，象征光明之意。

龙，取善变而神之意，象征人君应机布教而善于变化。

山，取其能云雨（一说镇重），象征王者镇重安静四方。

华虫，雉属，取其有彩纹，象征王者有文章之德。

宗彝，指宗庙祭祀用的酒器，酒器上刻有虎纹和蜼（长尾猿）纹，取虎之猛，猿之智（一说孝），象王者深浅有度，威猛之德。藻，取水草之洁，象征冰清玉洁。

火，取其明，火焰向上，有率士群黎向归上命之意。

粉米，取其洁白且能养人之意，象征人君济养之德。

黼，金斧形，取其能割断之意，象征人君处事果断。

黻，图案为两个"己"字相背，又如"亞"字，象征君臣相济，见恶改善。"亞"字也多见于甲骨文，据甲骨文所象之形，与殷墟陵墓"十"字形相参照，甲骨文"亞"字形象多见于古大型部落群居的平面图，殷代的城墙、庙堂、世室、墓葬均沿用此形。[1] 由此来看，"亞"字很可能是通四方神的意思，秦始皇陵与埃及和美洲的金字塔也为四方锥体形。

宗教是传统文化中的重要组成部分，除了本土道教，外来的佛教极大地影响了中国文化，纹样中的如意纹、万字纹、回纹、盘长、莲花、八吉祥、火焰纹等都与佛教有关。

火焰纹，象征光明，祥光普照，佛祖像背后火焰纹称"光背"，象征法力无边。

八吉祥，佛教八件宝物。法螺象征佛说具菩萨果妙音；法轮象征佛说大法圆转万劫不息；宝伞象征佛说张弛自如，曲覆众生；白盖象征佛说编覆三千净一切

---

[1]　徐中舒：《甲骨文字典》，四川辞书出版社1988年版，第1523页。

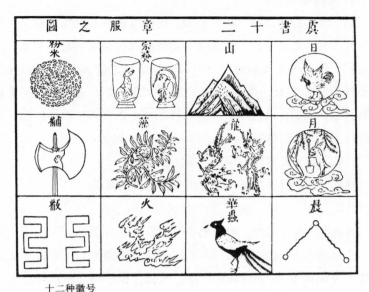

廣書十二章服之圖

十二种徽号

十二章"亞"字很可能是通四方神的意思

药；莲花象征佛说出五浊世无所染着；宝瓶象征佛说福智圆满具完无漏；金鱼象征佛说坚固活泼，解脱禳劫；盘长象征佛说回环贯彻，一切通明。其中，盘长被建筑应用最为广泛，形式有梅花盘长、四合盘长、万代盘长、套方胜盘长、方胜盘长等，象征绵延贯通。

有的纹样来自信仰，方胜就是代表。

方胜，"胜"是一种符咒，古人作为饰物佩戴，借"胜"驱邪保平安，具有克制的意思。相传西王母头戴"玉胜"，故"胜"又有神灵意味。汉代流行"胜"首饰，用金、铜或玉做成，戴在头上取意"优胜"。汉代后有"人胜"、"花胜"、"彩胜"等，"胜"实际演化成簪头的档饰。南朝妇女以剪彩做"胜"，即"花胜"，简文帝《眼明囊赋》："染花胜而成疏，依步摇而相通。"唐宋风俗，每逢立春日，以小纸旛戴在头上或系在花下，庆祝春日来临，梅尧臣《嘉裕己亥岁旦呈礼叔》诗："屠酥先尚幼，彩胜又宜春。"

方胜是将两个菱形互叠而成，象征同心，王实甫《西厢记》："不移时把花签锦字，叠作个同心方胜儿。"方胜既能克制邪恶，又有装饰作用，成为建筑装饰的主要纹样之一。

四、文字

　　纹样研究发现，许多纹样从古文字演化而来，古人常常在器皿上铭刻或烧制文字，以记事件。也有因文字本身的含义被用作巫术符号铭记在器皿上。这两种文字在历史演化中逐渐发生变形，其中一部分变作装饰符号，以致今天被误认为抽象纹样或植物纹样。

　　囧，象征窗口通明，韩愈《秋怀》："虫鸣室幽幽，月吐窗囧囧。"也象征古人对太阳（光明）的崇拜。"囧"象形字写作囧[1]，与月一起构成"明"字，可见于盂鼎上的囧，明我壶上的囧，邢侯尊上的囧，虢叔编钟上的囧[2]。同时，"囧"字向纹样演化，雷圭元在著作《中国图案作法初探》中认为"囧"是许多图案的起源，包括旋子花，进一步证明文字是纹样的起源之一。

　　田，是先民重要的生产资料，在生活中占有不可替代的地位。"畴"的象形字写作畴，右半边象耕田的沟渠阡陌之形，是寿字的甲骨文写法，后人收入百寿图中。与今天看到的回字纹样不无关系，同样表示绵延不尽的意思。回纹在雷圭元看来是文字"囧"演变而成，但从其他一些纹样看，最有可能与"畴"、"疆"、"壃"这类有关国家疆域和国土安全的文字相关。

　　饕餮，是古人想象中的猛兽，体现古人寻求超自然力量保护的愿望。饕餮四周布满我们熟悉的回纹。回，《说文解字》："转也"，运转的意思。古文字写作回，古青铜器多用此纹。如果照雷圭元所说，是"囧"字演变而来，或取现在通常解释的回转、绵长意思，回纹与饕餮似乎没有什么意义上的关联。这里认为，饕餮周围的回纹应该是"畴"字右半边古代写法演变而来的，象征国家疆土。饕餮居中，象征保卫国家安全，国运长久。因此，回纹既象征土地，又象征绵长。这样，回纹与兵器及鼎上的饕餮意义更趋于一致，也更丰富。可以理解为：饕餮和兵器保卫国土安全、国家机器正常运转和王朝长期绵延。

　　另外，据《辞海》解释，"畴"为种类的意思。"九畴"即九种法则，指占代传说禹继鲧治洪水时，天帝赐给他的九种治理天下的大法。《书·洪范》："天乃

---

[1]《说文解字》。
[2] 蒋善国：《中国文字之原始及其构造》第二编，第56页。

锡禹洪范九畴，彝伦攸叙。初一曰五行，次二曰敬用五事，次三曰农用八政，次四曰协用五纪，次五曰建用皇极，次六曰乂用三德，次七曰明用稽疑，次八曰念用庶征，次九曰向用五福、威用六极。"旧谓五行辨析物性；五事属于个人立身行事；八政以安定民生；五纪于观察天象，计时定岁；皇极为民之准则；三德以勉人为善，六极以沮人为恶。治理天下九种方法可谓重要至极，鼎器作"畴"字半边纹样，有"九畴"的象征义，视"九畴"为安邦定国之方略。

否则，回纹就成为无意义来源的抽象装饰纹样，这在商周时代是不可想象的，因为古人从走出象形世界（形或象与含义一样）到进入抽象世界（形或象与含义分离）的路途还十分遥远。

下列文字内容都是与先民生活最紧密相关的，有充满神秘感的日月星辰，也有或神秘或令人畏惧的云雨雷火，还有重要的生活资料犬羊豕等家畜。另外，虎是令人畏惧转而崇拜的对象，丝是重要的衣物原料。因为这些文字内容重要，最早出现在卜筮的甲骨文和商周时代的青铜器皿上，文字原形极有可能演化成纹样，或者今天的某些纹样本身就是这些文字的古老写法，显示出文字与纹样之间的演化关系。

日，甲骨文写作⊙，周金文写作●。与此对照，建筑中门上的乳钉，可能出于对太阳的崇拜。

星，古文字写作✿、✾、∴。古人把星座看作神灵，门上的乳钉也可能表示对星座的崇拜。[1]

月，甲骨文写作☽，金文写作☽、☽，战国文字写作☽，秦篆写作☽。

云，甲骨文写作☁。

雨，甲骨文写作☔。

代表水的三点水偏旁，甲骨文写作〵。

雷，商周器铭写作❖、❖、❖、❖、❖、❖，甲骨文写作❖。[2]

火，甲骨文写作🔥，战国文字写作大。

虎，周器文写作🐅、🐅、🐅。

犬，甲骨文写作🐕，金文写作🐕、🐕，战国文字写作🐕，秦篆写作🐕。

---

［1］蒋善国：《中国文字之原始及其构造》第一编，武汉古籍书店影印，1987 年版，第 35 页。
［2］蒋善国：《中国文字之原始及其构造》第二编，武汉古籍书店影印，1987 年版，第 21 页。

羊，甲骨文写作�，殷器铭文写作Დ，也写作Დ[1]，秦篆写作羊。

豕，甲骨文写作Დ，金文写作Დ、Დ，战国文字写作Დ。

丝，是早期织物重要原料。甲骨文写作Დ，偏旁又写作Დ、Დ，东周文写作Დ，战国写作Დ，既象形蚕，又象形蚕丝。

纠字的右半部Დ，有相互纠缠的意思，象藤萝植物蔓生的藤茎。周器文写作Დ、Დ、Დ、Დ。[2]

上述列举的纹样，在历史文化遗产中不难找到它们的身影，倒是我们在许多地方忽视了联想。

---

[1] 蒋善国：《中国文字之原始及其构造》第二编，武汉古籍书店影印，1987年版，第25页。
[2] 同上，第16页。

第七章　江南园林装饰装修及家具陈设的文化涵义

园林装修分室内装修和室外装修。室内装修通过对室内空间的分隔布置，体现建筑的主次地位，使建筑的空间、方向符合建筑功能和伦理功能。家具及陈设进一步体现封建社会的人伦秩序。

一、室内外装饰装修的文化涵义

室外装饰装修

室外装修通过对长窗、半墙半窗、地坪窗、横风窗、和合窗、砖框花窗及挂落、栏杆等雕饰布置，寄寓园主的观念和情趣。

窗

明代计成著作《园冶》记叙窗时说道：多在方眼内作成菱花形，后人简化为柳条式，俗称："不了窗"。用这种式样是出于雅致的考虑。因此，柳条式窗格是最普遍采用的一种，柳条式窗格有许多变式，主要出于装饰目的，其窗格纹样并没有什么文化涵义。今天苏州古典园林中还能见到柳条式的原型，比如沧浪亭"闻妙香室"，网师园"万卷堂"，艺圃"馎饦斋"、"思嗜轩"和延光阁等处。

此外，《园冶》在"装折"一章中还提到的窗格图案有"冰裂式"、"梅花

网师园柳条式窗格　　　　　　艺圃"馎饦斋"柳条式窗格　　　　艺圃"延光"阁柳条式窗格

式"、"六方式"和"圆镜式"。"冰裂式"纹样具有文化含义，它既可象征文人冰清玉洁式的自傲自重，又可象征对春天的向往。因图案富有装饰性，采用较多。

沧浪亭"翠玲珑"冰裂纹窗格暗喻坚贞、洁身自好的文人品格，与竹子品格相呼应

"梅花式"纹样的含义很明白，文人借梅花傲雪怒放自然特性，比喻内心坚守的信念，激励自己与艰苦的条件抗争，不屈不挠地向既定的人生目标前进。

"海棠花式"纹样也常作园林装修纹样，见于铺地和窗格。海棠花花色艳丽，姿态娇媚，有诗云："雪绽霞铺锦水头，占春颜色最风流"，被誉为"花中神仙"，又有"国艳"美称。历代文人争相宠爱，以为风雅。文震亨《长物志》：

> 昌州海棠有香，今不可得；其次西府为上。贴梗次之，垂丝又次
> 之。余以垂丝娇媚，真如妃子醉态，较二种尤胜。木瓜似海棠，故亦称
> "木瓜海棠"。但木瓜花在叶先，海棠花在叶后，为差别耳！别有一种曰

狮子林"问梅阁"梅花式窗格象征文人的坚贞精神　　　　　　拙政园"宜两亭"梅花和冰裂纹窗格，
　　　　　　　　　　　　　　　　　　　　　　　　　　　　　同样象征文人的坚贞精神

"秋海棠"，性喜阴湿，宜种背阴阶砌，秋花中此为最艳，亦宜多植。

明末文人王丹麓在其文集《坚瓠集》中也有一段记载海棠花的文字：

　　明末王丹麓，于墙东草堂栽植秋海棠一、二本，数年遂蔓衍阶砌，相传熹宗天启五年，忽发奇葩，千朵起楼。锦开四面，经月不落。其旁又有三四朵形如蝴蝶。家人为之护其本根，环播花籽。至明年，则籽出无异，原本亦如常花。于是移距原本尺许，则见花心之上，复生一花，花如重台。细视花丛之中，则有千瓣如洛阳牡丹者，六瓣如桃者，五瓣如梅或如幽兰者。越日再观，或若山茶初放，或若牡丹半谢。其蓓蕾则似垂丝，含蒂似石榴，碎剪似秋纱；花朵则或大或小，花蕊则或连或散，花色则红白深浅相间相宜。种种奇幻，莫可名状。[1]

　　拙政园专辟一庭院名"海棠春坞"，庭院内植垂丝海棠、西府海棠，借海棠花尽展文人风流才华。可见，海棠花象征高贵和风雅。

[1]　尹协理：《中国神秘文化》，河北人民出版社 1994 年版，第 565 页。

沧浪亭"瑶华境界"海棠花窗格象征传说中色白如玉的仙花瑶华

卍字纹，音"万"，源自梵文，象征太阳和火。武则天引用为文字。《华严经六十五·八法界》："胸标卍字，七处平满。"佛胸前垂挂，是佛教的标志。佛教认为该符号具有护符和符咒的功能，民间采用，借以护佑。万字符号和如意画在一起，称"万事如意"。万字纹广泛见于建筑装修。

沧浪亭"翠玲珑"万字纹窗格

拙政园"听雨轩"窗格

明代以后的建筑装修有很大发展，主要从简洁向繁杂精巧演变，大多窗格也花样翻新，反映园主情趣，与周围环境相配合，可谓美轮美奂，使园林透出的东方文化魅力达到巅峰。

落地长窗下半部称裙板，雕刻内容丰富，有人物故事、神话传说和表现吉祥的各种民间图案。表现人物故事的有三顾茅庐、白蛇传、二十四孝等；表现神话传说的有八仙、暗八仙、八吉祥等；表现吉祥的有福寿题材、升官发财、喜庆平安、子孙兴旺等。苏州古典园林不同于一般民居，过于俚俗的内容加以摒弃，多采用与文人趣味相近的内容，因而山水花卉、渔樵耕读、琴棋书画图案较多，升官发财之类内容较少。由于建筑变动较大，裙板图案也很难保证为原物，有时内容与园林风格不相协调。

网师园"集虚斋"裙板，遁入深山，青衣童子相随，了无牵挂，合一个"虚"字

留园"林泉耆宿之馆"裙板，两位人物分别手拿琴和棋，表示士人身份

值得一提的是，年代较近的园林开始渗入西洋建筑审美情趣。如狮子林、拙政园西部"补园"部分，明显带有晚清海派风格，窗多用几何形彩色玻璃装修，虽难与古典园林风格协调，但明快的色调也体现出令人心理舒展的优点，与古典园林内敛甚至压抑的建园基调形成对照，凸显出东西方文化差异，引人省察其深厚的历史背景。

拙政园"三十六鸳鸯馆"耳室彩色玻璃增添了听戏的气氛

栏杆

栏杆设在走廊两柱之间，或设在地坪窗、和合窗之下代替半墙。《长物志》写道：

> 石栏最古，第近于琳宫、焚宇，及人家冢墓。傍池或可用；然不如用石莲柱二，木栏为雅。柱不可过高，亦不可雕鸟兽形。亭、谢、廊、庑，可用朱栏及鹅颈承坐；堂中须以巨木雕如石栏，而空其中。顶用柿顶，朱饰，中用荷叶宝瓶，绿饰；"卍"字者宜闺阁中，不甚古雅；取画图中有可用者，以意成之可也。三横木最便，第太朴，不可多用。更须每楹一扇，不可中竖一木，分为二三，若斋中则竟不必用矣。[1]

《园冶》写道：

> 栏杆花样可以信手画成，以简便为雅。古人所用的回文式和万字式，一概屏弃，只留若干作为凉床和佛座装饰之用，园林内房屋的栏杆，则一律不可用。我于数年之间，留有百种式样，有的细致而较精美，有的简单而有风韵。……采用时尽可加以发挥润色。[2]

尽管计成和文震亨都不主张用卍字作栏杆，但园林中还是较多地采用，因为卍具有绵延不断、永无尽头的吉祥义，在栏杆上能较好地体现。

拙政园"小飞虹"栏杆卍字具有的绵延不断和永无尽头的意思，正好与桥的由此及彼涵义契合

---

[1] 文震亨：《长物志》，商务印书馆1936年版，第2页。
[2] 计成：《园冶注释》，陈植注释，中国建筑工业出版社1981年版，第129页。

鹅颈椅

因靠背弯曲似鹅颈而得名，俗名还有吴王靠或美人靠。常位于建筑回廊，便于休憩观景。

狮子林扇亭弧形鹅
颈椅与地形一致

挂落

廊檐的装修形式，式样仅藤茎和卍川二种，实际运用中以卍川形为主。挂落用木条制成，悬挂于廊柱间的枋之下，细条虽简洁，却有很好的装饰效果。

拙政园"至乐亭"卍川式挂落

网师园"五峰书屋"卍川式挂落起到重要的构景作用

墙面

苏州古典园林由于空间狭小，注重空间处理和划分，坚持空透原则，通过空窗、漏窗、洞门等，使公共空间与建筑有隔有连，做到整体布局和空间隔而不死、漏而可望。既做到移步换景，又起到扩大空间感和通风采光的作用。整座园林开合有度，分隔与沟通统一，使之动静结合，起承转合，融通一气，章法可循。

有些划分空间的墙面不宜开窗，露天的墙面用种植树木和布置回廊遮掩，墙砌成波浪形，与树木、廊共同划分空间，以减少墙面单调感。

有些院落单体建筑的露天墙面，也不宜开窗，往往采用种植藤萝植物，满布墙面以补空白。也在近处种植树木，利用太阳光将树木投影到墙面，风吹起，光影婆娑，十分生动。

室内和回廊内不宜开窗的墙面，布置书条石补白，选用历代书法大家的作品，供游人观赏，减少行进中的单调，也借以标榜园主风雅。

以上墙面处理不仅解决建筑功能问题，同时必须在这些处理形式中注入文化涵义，否则就会流于肤浅，不成其为文人园林。所以，洞门外形采用有吉祥寓意的图案，如葫芦、宝瓶、海棠花等，漏窗的图案采用反映文人特征的琴棋书画和有特定涵义的植物或几何纹样。

洞门

葫芦形洞门的文化涵义来自晋葛洪《神仙传》卷五《壶公》中记载的一则故事：

> 壶公者，不知其姓名……汝南有费长房者，为市掾，忽见公从远方来，入市卖药，人莫识之。卖药口不二价，治病皆愈……常悬一空壶于屋上，日入之后，公跳入壶中，人莫能见，惟长房楼上见之……公语房曰："见我跳入壶中时，卿便可效我跳，自当得人。"长房依言果不觉已入。入后不复是壶，唯见仙宫世界，楼观重门阁道宫，左右侍者数十人。公语房曰："我仙人也。昔处天曹，以公事不勤见责，因谪人间耳。"

故事中的壶虽小却容纳了道教的仙宫世界，因此，葫芦被看作天地的缩微，内藏神灵之气，在《西游记》等神话小说中常被描写成擒妖捉怪的神物宝贝。我国某些地方，人们把葫芦挂在门上表示驱邪。

葫芦内中多籽，故葫芦图案象征子孙万代。葫芦还与仙人有关，相传八仙之一李铁拐常身背葫芦给世人用药治病，挽救了无数生灵，民间将他的葫芦作为装饰纹样，广为运用，以求护佑。

宝瓶形洞门，取"平"的谐音，象征平安。瓶又是佛教观音菩萨的法器，施法救难，具有神奇力量，成为令人膜拜的神器，又象征驱邪吉祥。

海棠花洞门文化涵义与前文所述一样，象征高贵和风雅。

狮子林"揖峰指柏轩"海棠花形洞门象征高贵和风雅

圆洞门主要为满足较大人流通行而设，所以一般都设在景区转换处和主要游览路线上。网师园"梯云室"庭院圆洞门并不为满足建筑功能，门内原为厨房，并没有很多人流。它的外形恰似一轮满月，与对面的假山一起构成"梯云取月"的意象。

网师园"梯云室"庭院圆洞门象征月亮

留园"亦不二亭"圆洞门涵义取自一则佛教故事，象征入道的不二法门（详见后文"宗教主题布置的隐喻涵义"一节内容）。

漏窗

狮子林"揖峰指柏轩"庭院漏窗葫芦图案与洞门采用的涵义一样，象征子嗣昌盛、驱邪、仙器等。

狮子林"揖峰指柏轩"庭院漏窗葫芦图案象征子嗣昌盛、驱邪、仙器

贝叶是印度最早书写佛经的"纸张"，在中国佛教信众看来，它具有神秘的作用。

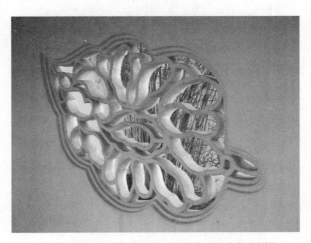

沧浪亭漏窗贝叶窗格表示把写佛经的贝叶当作吉祥物

荷花是文人反复引用的题材，借"出污泥而不染"以比喻文人洁身自好的情操。

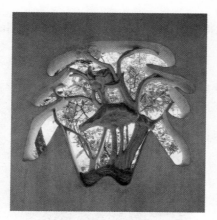

沧浪亭的荷花漏窗象征雅洁

有的窗格反映人类最原始的自然崇拜，比如太阳图案多次出现在各园林的漏窗上。由于太阳对人类生活的重要性，几乎所有的人类都把太阳看作光明、生命、幸福的象征。

耦园窗格反映最原始的太阳崇拜

耦园有一漏窗是太阳和云纹，云纹也是建筑中采用较多的纹样，它是依天上云朵绘制而成。中国最重要的图腾"龙"常被安排在乱云飞渡之中，天上神仙则脚踩云端，显身于五彩祥云之间。云被看作伴随神仙圣灵的吉祥物。云有几种征兆，古人认为国有圣君则青云出，"德高至山陵则景云现"。古代朝廷设官名"青云"，专司观察瑞云以纪事。民间用"平步青云"比喻官运亨通。在文化现象中，云的图案具有吉祥象征义。由于云纹较多地与龙在一起，又有升官含义，常被帝王和官僚采用，隐居的士人则很少采用，苏州古典园林中即便采用，都取其神仙吉祥的意思。

耦园窗格云纹象征吉祥

文字作为纹样的历史由来已久，因为象形文字是某件事物的描摹，古人把描摹具有神秘力量的事物的文字也当作崇拜对象，最早用于礼器等重要器皿上，并不断扩大到其他地方，明清园林建筑中较为常见。

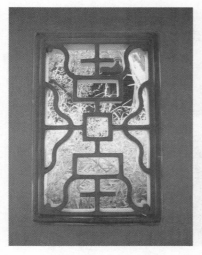

拙政园寿字窗格象征福寿

拙政园双喜窗格反映追求平安快乐的心态

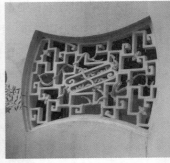

狮子林窗格的琴是文人道德的表征　　　　狮子林窗格的书象征文人的文化修养　　　　　狮子林窗格的画象征文人
　　　的情趣品位和技艺才华

　　琴棋书画是文人的钟爱之物，被合称为"四艺"。它们是文人的基本课程和技能，作为纹样象征文人的文化修养、道德品质和技艺才华。汉班固《白虎通》："琴，禁也，以御止淫邪，正人心也。"东汉蔡邕《琴操》："昔伏羲氏作琴，所以卸邪辟，防心淫，以修身理性，反其天真也。"所以琴是道德的表征。

书条石

　　在不宜开窗的地方，为弥补墙面空白，一种方法是以蔓生植物布满墙面，如果是自由蔓生的蔷薇花，则象征文人的自由精神。

　　另一种方法是在墙面上布置书条石，既起到补白作用又象征园主高雅的品位。

山墙

　　网师园厨房按阴阳五行相生相克原理，建"金"形山墙，象征克火。

网师园原园主厨房"金"形山墙，象征克火

山墙墙面往往塑吉祥纹样，内容丰富。

网师园山墙塑惹草和如意头，表示克火和迎祥

脊饰

屋脊是装饰的重要部位，脊饰雕塑有各种祥瑞花卉、仙人、瑞兽、暗八仙等，脊的两端多做成佛手、石榴、寿桃。翼角上装饰水浪、回纹和各种图案。这些图案各有喻意，龙凤象征福祥，松鹤象征长寿，蝙蝠象征福到，凤凰牡丹象征富贵吉祥，鲤鱼跳龙门象征仕途通畅。岔脊上布置脊兽，多为吉祥镇邪的神兽。先秦的脊饰主要是鸟形，唐代有鸱尾，它的含义已在前文说过，这里不再赘述。

拙政园"远香堂"鸱尾脊饰象征激浪压火

苏州古典园林植物类的脊饰实例有艺圃的寿桃，由于桃原产我国，已有数千年的栽培史，产生许多与桃有关的神话故事。"夸父追日"中说，夸父为解口渴，

饮于河渭不能解渴，又北上饮大泽，中途因口渴而死，遗弃的手杖化为一片桃树林。

民间绘画一老人骑在鹿上，后面跟随一童子，手举长有两只肥桃的树枝，头上飞翔一只蝙蝠，谓"福禄寿三星"，老人额头突出大如肥桃，为寿星的标志。

艺圃脊饰寿桃为仙果，可以延年益寿，也有驱邪涵义

与寿桃对应的是石榴，《北史·魏收传》："齐安德王延宗纳赵郡李祖收女为妃，后幸李宅宴，而妃母宋氏荐二石榴于帝前。问诸人莫知其意，帝投之。收曰：'石榴房中多子。王新婚，妃欲其子孙众多。'帝大喜，诏收卿还将来，仍赠收美锦二匹。"所以，石榴寓意多子孙。

艺圃脊饰石榴象征子嗣昌盛

耦园"双照楼"戗脊采用的是梅花纹样，梅花不畏严寒，独自在飞雪中怒放，向为文人引喻为孤高傲世、不随俗流的品格。耦园主人沈秉成辞去官职，体现出清高的性格，与梅花品格相合。梅花戗脊象征园主的清高性格。

耦园"双照楼"梅花脊饰寓意清高

动物类的有拙政园"远香堂"的狮子和麒麟。狮子是兽中之王，因其威猛，被当作镇邪吉祥物，多用于皇宫、官府门前。佛教中称佛为人中狮子，佛陀讲经时叫狮子吼，坐具叫狮子座，故狮子又象征佛陀。民间喜欢狮子滚绣球的表演，富于节庆欢乐气氛。拙政园"远香堂"的脊饰是一对舞狮，表现欢乐，既作为吉祥物，又寓意欢乐。

麒麟，被描述为鹿身、独角、鱼鳞、牛尾。《礼记·礼运》："山出器车，河出马图，凤凰麒麟，皆在郊椒。"古人通常把麒麟与凤、鱼、龙合称为"四灵"。更为详细的描述说麒麟足为偶蹄五趾，独角上覆盖着软毛。麒麟性情仁厚规矩，《广雅·释兽》："麒麟步行中规，折还中矩，游必择土，翔必后处，不履生虫，不折生草。"为此，麒麟象征仁德。《晋书·顾和传》："和二岁丧父，总角便有清操，族叔荣雅重之，曰：'此吾家麒麟'。"有个故事说，孔子曾为一只麒麟的左腿被打断而流泪，有人问原因，孔子答道："麟之至为明王也。出非其时而见害，吾是以伤哉。"（《孔子家语·辨物》）民间绘画中有一个小孩在麒麟身上，脚踩祥云，谓"麒麟送子"。麒麟多趾，可能是民间看作送子的征兆。

远香堂脊饰麒麟象征仁德

瓦当

园林中的瓦当与前述瓦当相仿，纹样寄寓吉祥的意愿。

金属构件

园林中的金属构件同样象征压火，只是更为小巧精致。

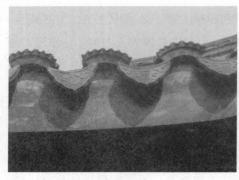

网师园福寿瓦当

艺圃"东莱草堂"金属扣件寓金生水借以压火

室内装饰装修

室内装修多用纱槅和罩。纱槅位于厅堂中间，起分隔空间作用，把室内分成南北两部分。纱槅样式类似格扇，上部有玻璃夹字画，下部为裙板或通体木质，常用通雕或镂空雕饰，图案题材丰富，制作精良。纱槅两侧连接罩，罩与纱槅共同起到分隔空间的作用。罩供人通过，有时单纯起装饰作用。

纱槅

纱槅又叫纱窗，一般分两种形式，一种是纱窗上半部用玻璃夹字画，内容有山水画、花卉画或书法，根据园主趣味而定。下半部配以精细雕饰，内容以花卉居多。

耦园"城曲草堂"纱槅上部山水画象征隐居　　　　狮子林"五松园"纱槅下部花卉
图案象征祥瑞

另一种纱窗不分上下，通体木质，甚至不做成窗格，通体为一平整木板。雕满幅字画，颇具气派。规模较小的园林，不作任何雕饰，较少艺术气氛。

有的纱槅上部配置烧花玻璃，具有海派风格，表明审美趣味的演化。

拙政园"玲珑馆"的槅采用彩色烧制玻璃，具有玲珑剔透、冰清玉洁的效果，对其用意理解之前须对建筑内布置深入研究。"玲珑馆"题名取苏舜钦《沧浪怀贯之》"秋色入林红黯淡，日光穿竹翠玲珑"句意，建筑小巧精致，布置紧凑，给人小巧玲珑的感觉。室内悬挂匾额，上书"玉壶冰"，取南宋鲍照《代白头吟》诗"直如朱丝绳，清如玉壶冰"句意象征园主高洁。有对联相唱和：

> 林阴清和，兰言曲畅
> 流水今日，修竹古时

以茂林修竹追忆昔日"竹林七贤"，以流水仰慕兰亭雅集。馆内又有楹联进一步抒怀：

曲水崇山，雅集逾狮林虎阜
莳花种竹，风流继文画吴诗

馆外柱还有旧联一幅，写道：

扫地焚香盘膝坐
开笼放鹤举头看

一幅仙风道骨气派，其心可谓了无杂念，其性可谓冰清玉洁。

玲珑馆窗格用冰纹格、庭院铺地用冰裂纹，与纱槅玻璃具有玲珑剔透、冰清玉洁的效果相呼应。

罩

罩分飞罩、落地罩和挂落飞罩三种。制作用料讲究，多以硬木雕成几何图案或吉祥动植物图案。形式灵活多变，视园主趣味和环境而定。

圆光罩因其外形装饰效果较强，被大量采用，其功能供行人通过或作榻前屏

留园"林泉耆宿之馆"圆光罩以瑞树祥草作纹样

障，代表作有留园"林泉耆宿之馆"、拙政园"藕香榭"、狮子林"立雪堂"、耦园"还砚斋"和网师园"梯云室"等。花纹雕镂精细，宜近距离观赏。内容多以富有表现力的树枝花纹作衬托和联接，与主题图案相得益彰。罩的纹样多以藤茎、乱纹、雀梅、松鼠合桃、整纹、喜桃藤等为内容，但狮子林的"立雪堂"圆光罩纹样似"亞"字，它可能取自十二章中的"黻"，曾作古代帝王服饰的纹样，有见恶改善的象征义，再据前文考证推测，"亞"字又有通四方神的涵义，故狮子林立雪堂圆光罩"亞"字纹样有宗教通神的含义。

其他罩的纹样也大致相同，只是形式不如圆光罩那样活泼。特别要提的是狮子林"燕誉堂"前的飞罩，中间图案花篮，两边为贝叶图案。贝叶，取材于棕榈科贝多罗树叶，经修剪、烘蒸、晒干、压平，再统一剪切成长4厘米、宽1厘米。书写时用铁錾刻划，每页四五行，最后涂上植物果油掺锅烟的墨汁，文字清晰易辨。1—5世纪，古印度佛教徒携带大批写有经、律、论三藏的贝叶经前往中亚和新疆、西藏及尼泊尔等地传教，后来，去印度学佛教的人也大量携回。贝叶经在我国较早的记载出自唐朝。巧合的是狮子林于1917年转归贝润生，所以，"贝叶"纹样既表明狮子林原来佛教寺院的性质，又暗含后来的园主"贝"姓。

狮子林"燕誉堂"飞罩"贝叶"纹样既表明佛教寺院性质，又暗含园主"贝"姓

二、家具陈设的文化涵义

家具和陈设是建筑内必不可少的布置内容，有了它们各类建筑的生活功能才健全。家具主要有桌、椅、几、凳、榻、书架等，古典园林家具体现园主身份，同时满足园主物质享受需求，所以用料及制作都十分考究，俗称红木家具。许多家具制作水准达到相当水平，因而也是家具艺术代表，具有文物价值。

布置有功能要求，也有伦理要求。南向厅堂家具布置次序为：明间槅扇前为天然几、供桌，供桌两边放太师椅，厅堂中央放大圆桌，可坐十数人，供主客人展玩字画。

狮子林"燕誉堂"明间家具布置

天然几，紧靠槅，用花梨、铁梨、香楠等上乘木料制成。尺寸以阔大为贵，但长不过八尺，厚不可过五寸。两端飞角起翘，雕饰云头、如意之类，不可雕龙凤花草，以免俗气。网师园"万卷堂"天然几饰有龙、花草等纹样，正如《长物志》所批评那样，估计亦非园中原物，倒像从市井搜罗来的俗物。

网师园"万卷堂"侧面饰有龙纹的天然几，似与隐居主题不相符

供桌，紧靠天然几，长方形，无翘角，略短于天然几。

留园"林泉耆宿之馆"饰有龙纹的供桌似非园中原物

圆桌，置于厅堂中央，供展书画赏玩之用。狮子林燕誉堂圆桌雕有夔龙纹饰似为不妥。夔龙是《山海经》作为神话提到的，被描述为："壮如牛，苍生而无角，一足，出入水则必风雨。其光如日月，其声如雷。《龙经》进一步美化：夔龙为群龙之主。饮食有节，不游浊土，不饮温泉，所谓饮于清游于清者。"夔龙

既贵为群龙之主，也就广泛用于纹样，以资崇拜。

　　狮子林原为寺院，龙与佛门并无关系，可以断定此圆桌不是原物。但"燕誉堂"曾作过接待乾隆帝的御膳房，后来易主贝家，圆桌的龙纹是否这两个原因造成，有待考证。

狮子林"燕誉堂"圆桌夔龙纹饰令人思量

　　座椅，反映封建伦理制度。太师椅等级最高，供主要客人使用，方向坐北向南，以显尊贵。第二种叫官帽式椅，等级次于太师椅，常四椅二几分置在明间两侧，对主座位形成拱卫之势，体现等级的主次地位。第三种叫一统背式椅，这种椅有背无扶手，形式简单，等级低下，安置在厅堂两边山墙处。目前苏州许多园林厅堂满屋皆太师椅，不符合封建伦理秩序，因而没有忠实重现历史，似不妥当。

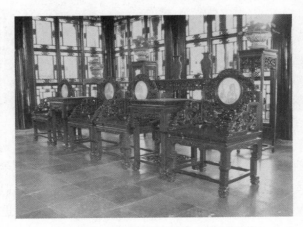

拙政园"远香堂"太师椅显示主建筑的地位

凳，式样比椅灵活，不拘一格，也考虑与环境一致，体现建筑主题。式样主要有扇面、桃花、梅花、海棠花等，如狮子林"问梅阁"的桌、凳均为梅花形，就是典型一例。

狮子林"问梅阁"的凳外形和纹饰体现梅花主题

榻，按《长物志》记载："榻座高一尺二寸，屏高一尺三寸，长七尺有奇，横三尺五寸，周设木格，中贯湘竹，下座不虚，三面靠背，后背与两旁等，此榻之定式也。"

现在园林中看到的榻是接待贵宾用的家具，安排在明间后部，式样大如卧床，三面设靠，中央设矮几，供主客人品茗之用。

留园"林泉耆宿之馆"的榻显示富豪气派

琴桌，置于次要部位的装饰，《长物志》说，桌上置汉墓空心砖，名为琴砖，在上面奏琴，可产生共鸣。至于琴，《长物志》更有一番说法：

> 琴为古乐，虽不能操，亦须壁悬一床，以古琴历年既久，漆光退尽，纹如梅花，黯如乌木，弹之声不沉者为贵。琴珍：犀角、象牙者雅。以蚌珠为徽，不贵金玉。弦用白色柘丝，古人虽有朱弦清越等语，不如素质有天然之妙……挂琴不可近风露日色，琴囊须以旧锦为之，轸上不可用红绿流苏，抱琴勿横，夏月弹琴，但宜早晚，午则汗易污，且太燥，脆弦。[1]

琴是古老乐器之一，早在周代已有。因琴声时而沉稳、时而激越，便于抒发胸臆，深得历代文人青睐，与琴有关的故事迭出不穷，广为传颂。琴棋书画为文人必修课程，琴列第一。

伯牙鼓琴是流传最广的故事。说的是春秋时期有个擅长弹琴的人叫伯牙，他的琴声多变，充满感情，琴声舒缓悠扬时，如风拂花落，鸟啭鹤鸣，又如涓滴小溪，平川流水；琴声高昂激越时，如高山兀立，松风骤起，又如千尺悬崖，流水迸溅，訇然跌落。伯牙奏琴，每到妙绝处，他的好友钟子期便高声称赞，伯牙视钟子期为知音。后钟子期先伯牙而逝，伯牙以为从此失去知音，也不再弹琴。

伯牙鼓琴的故事说明，琴声可以传达心意，但不可滥用。故《礼记·曲礼

网师园琴桌上置汉墓空心砖，名为琴砖，在上面奏琴，可产生共鸣

---

[1]　文震亨：《长物志》，商务印书馆 1936 年版，第 57—58 页。

下》："士无故不彻琴瑟。"《中论·修本》也告诫道："琴瑟鸣，不为无听而失其调。"意思是琴声为君子形象。网师园辟"琴室"，设琴台，既表达园主好雅乐的高尚品味，又有把自己比喻为君子的意思。

书架，园主多为退休官僚，他们通过科举考试走上仕途，必然都经过刻苦读书阶段，读书成为不可或缺的精神生活方式，他们辟有书房，书架就成为必备家具。有的园主是经商暴发户，不一定喜欢读书；有的从官场退出的人纯粹是不学无术的政客，也不会去读太多的书。但这些人往往喜欢附庸风雅，在家中陈列书籍，以显示自己饱学经书，书架对他们而言是装饰品。再从文化含义上讲，书是民间承认的宝物之一，可以影响人生，从这层神秘意义上讲，安排书架置放书籍，具有信仰层面上的供奉意义，就如商家供奉财神一样。

拙政园"留听阁"书架使室内富丽而脱俗

苏州园林的室内陈设主要有屏风、大立镜、自鸣钟、瓷器、字画、盆景以及匾额对联。匾额、对联布置既有室内又有室外，其作用相同。

屏风，《长物志》云："屏风之制最古，以大理石镶下座精细者为贵，次则祁阳石，又次则花蕊石（又名花乳石，产自河南阌乡县）；不得旧者，须仿旧式为之。若纸糊围屏、木屏，俱不入品。"留园"五峰仙馆"西侧设圆形大理石插屏，其天然大理石的纹理若一幅大写意泼墨山水画，题名"雨后静观山意思，风前闲看月精神"，令人驻足玩味。

留园"五峰仙馆"插屏体现隐居生活的闲情

大立镜，古人用镜辟邪。古人认为镜象征天意，自商周起，成为神器之一而陪葬。从出土的铜镜看，图案和纹饰相当丰富，有八卦、瑞兽、吉祥纹等。道士更是把镜当作重要法器随处运用，大肆渲染。传说以前黄帝铸镜15面，采阴阳精气，取乾坤五五妙数，隐含日月明光，通晓鬼神行意，防止魑魅幻影，修整残疾苦厄。镜能反照有形之物，取其意用镜使山精鬼魅遇镜原形毕露，称照妖镜。民宅门上悬挂镜称镇煞门镜，此镜较为特殊，四周高中间低，人与物都成倒像，使厉鬼不能进屋。当人家屋脊或不祥之物正对自家大门，被认为十分不吉利，这时，家门外也要悬挂镜辟邪。

留园"林泉耆宿之馆"大立镜有辟邪求吉之意

玻璃镜发明后，逐步取代铜镜。苏州拙政园、网师园、留园等都有大立镜，拙政园和网师园的大立镜意在借镜映景，产生虚实对比、丰富园景的作用。留园"五峰仙馆"内的大立镜既为装饰，又承传统习俗，有辟邪之意。

自鸣钟，清代舶来品。古人有击钟听声以清耳的做法，《长物志》："得古铜秦汉镈钟、编钟，及古灵璧石磬声清韵远者，悬之斋室，击以清耳。"[1]自鸣钟传入后，富豪之家置于厅堂，既为清耳，又兼报时和装饰。

留园"五峰仙馆"自鸣钟用以清耳避俗，象征清高

瓷器，选用以古远为尚，显示主人身份与品味。使用时应注意与园林趣味一致，宜选山水花卉隐逸主题的图案，摒弃龙凤之类或皇家政治图案，以免与苏州园林隐居主题冲突。瓷器图案内容与所在建筑内涵一致，可以起到加强主题的作用，如拙政园"听雨轩"、"留听阁"；狮子林"问梅阁"。相反，则会显得不伦不类，如耦园"织帘老屋"瓷器的选用就出现内容不协调的情况，在山水画图案花

---

[1] 文震亨：《长物志》，商务印书馆 1936 年版，第 55 页。

瓶旁边置放一游龙图案的瓷盘。

狮子林"问梅阁"瓷瓶松梅绘画加强建筑主题

　　字画，选题也要注意与私家园林品味一致，忌选官场政治颂扬类。留园"五峰仙馆"二十二扇槅扇，中部窗心一律选用金石拓片、花卉鸽翎毛，显示意趣高远。

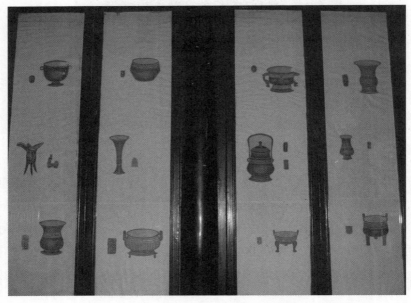

留园"五峰仙馆"槅扇布置意趣高远，标榜园主学养

盆景，置于室内供应时赏玩，有时盆景也寄寓园主情怀，寄情尺幅盆景，与山水、花卉画意境有异曲同工之妙。水仙花是江南人极喜爱的花种，其形娇柔，其性高洁，其味清雅，恰如士人写照，园林中常作案头清供。水仙花相传为水中仙女所化，宋代朱熹写道："水中仙子来何处，翠袖黄冠玉英。"民间认为水仙花有辟邪除秽的神奇力量，经常与寿石出现在画面上，名"群仙拱寿"，与花瓶一起，称"仙壶"，意为仙人居所。

匾额、对联，起引景作用。园主往往借匾额、对联寓情，理解建筑布置的含义，须通过匾额、对联方能觅得路径，沿此徐步走入园主内心世界，释其本义。所以，匾额、对联是苏州古典园林极其重要的一个中间环节。

网师园"梯云室"院落因匾额题名而得仙趣

第八章 江南园林铺地纹样与建筑小品的文化涵义

一、铺地纹样的文化涵义

铺地用砖瓦、碎石、卵石、碎瓷片、碎缸片组成各种纹样，园林铺地叫花街铺地。铺地的图案一般都有象征涵义，主要集中在迎祥、祈福、信仰和文人精神三方面。

迎祥

留园铺地有一图案是张果老的法器渔鼓，用此图案意在迎祥。张果老是传说中的八仙之一，曾是唐代的方士，长期隐居在山西恒州中条山，深谙长生不老之术，唐玄宗请入宫时，自称"生于尧时丙子岁，住侍中"。如此算来已有三千多岁。张果老的传奇在于他的坐骑驴子，相传他骑驴可日行数万里，休息时将驴如薄纸般折叠起来，藏在箱中，用时取出喷一口水，便变回真驴。唐玄宗看他不是凡人，想把玉真公主许配给他，张果老便拍着渔鼓唱道：

> 娶妇得公主，平地升公府。
> 人以为可喜，我以为可畏。

此后张果老云游四方，劝化世人。

留园铺地图案，瓶中插三支戟，瓶谐音"平"字，"戟"谐音"级"，寓意官运亨通，"平升三级"。

留园铺地图案，瓶中插
三支戟象征平升三级

　　鹿是常用的吉祥图案，被看作善灵之兽，可镇邪。鹿又被看作吉祥征兆，《诗经·小雅·鹿鸣》："呦呦鹿鸣，食野之苹；我有嘉宾，鼓瑟吹笙。"鹿生命周期长，葛洪《抱朴子》："鹿寿千岁，满五百岁则其色白。"又《述异记》："鹿一千年为苍鹿，又五百年化为白鹿，又五百年化为玄鹿。"李白在最具浪漫主义想象的《梦游天姥吟留别》中吟道："别君去兮何时还，且放白鹿青崖间。"诗歌中的白鹿是为灵兽。

　　鹿与南方方言"乐"字发音相近，加上鹿全身具有壮阳功效，食用后可获房事快乐，所以鹿又有快乐的涵义。

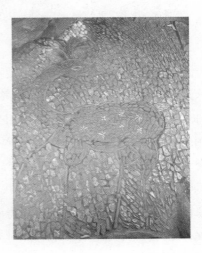

留园铺地图案，梅花鹿
象征吉祥、快乐、长寿

网师园"殿春簃"前庭院铺地图案为芍药花，它是多年生草本植物，羽状复叶，花大而美丽，有紫色、粉红、白色等颜色，自古被列为花中贵裔，《埤雅》："今群芳中牡丹第一，芍药为第二，故世谓牡丹为'花王'，芍药为'花相'，人或以为花王之副也。"古人因芍药花艳形美，被用作传情。《诗经·郑风·溱洧》："赠之以勺药"，士送女子芍药以表示好感。芍药开花迟于牡丹，暮春方凋谢，故有殿春雅名，苏州网师园即有"殿春簃"，因庭院花台植芍药花而得名。1980年以"殿春簃"为蓝本建成一座封闭式庭院，称"明轩"，落户于美国纽约大都会博物馆，名声大噪。芍药有和五藏，辟毒气功能，古人特别看重"中和得宜"，这是一种哲学精髓，芍药的药用功能符合哲学观念，故与牡丹一起登堂入室，列为重要花卉。可见，芍药有中庸和宜的象征义。

网师园"殿春簃"铺地图案芍药，花中地位仅次于牡丹，象征高贵

凤凰是传说中的百鸟之王，郭璞注说凤凰："鸡头、蛇颈、燕颔、龟背、鱼尾，五彩色，高六尺许。"《史记·日者列传》："凤凰不与燕雀为群。"传统文化中凤凰象征大吉大利，《左传·召公十七年》："我高祖少暤挚之立也，凤鸟适至。"许慎在《说文解字》中说凤凰："神鸟也。……五色备举，出于东方君子之国，翱翔于四海之外，过昆仑、饮砥柱，濯羽弱水，暮宿风穴，见则天下达安宁。"凤凰非醴泉不饮，非练食不吃，高栖梧桐树，又象征高洁。民间还将凤凰象征为夫妻和谐。

蟾蜍，象征长寿。神话说羿从西王母处得到长生不老药，其妻盗吃成仙，入月宫化作蟾蜍，是为月精，在广寒宫为西王母捣药。民间传说五月初五可以捉到活了一万年的蟾蜍（叫肉灵芝），食后长寿。

留园铺地，蟾蜍象征长寿

祈福

　　长寿是中国传统极为看重的内容，长寿在五福中占了两项，历代对长寿有许多说法。《庄子·盗跖》把寿星分为三等：上寿百岁，中寿八十，下寿六十。古人认为人的寿命由上天掌管，谓天命。这个天神在天空星图中位于东方，叫角宿和元宿，因位置在东方苍龙七宿的第一第二位，是众星之长，所以被封为寿星。寿星在每年秋分时节出现在南郊，又有南极寿星之称。古人根据观察总结出，寿星出现天下太平，不出现就有战乱死亡。"五福捧寿"图反映祈福愿望。

沧浪亭铺地图案，五福捧寿反映追求长寿平安的愿望

传统文化中还有多种不同用途的神扇，八仙之一钟离汉手中的法器，能驱妖救命。"扇"与"善"谐音，送给旅人，寓意"善行"。建筑铺地用扇子图案，寓意驱邪行善。

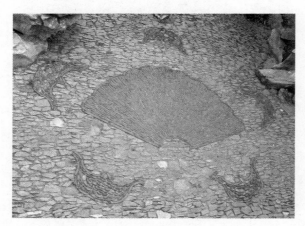

耦园"西花园"铺地图案用扇子图案，寓意驱邪行善

盘长，佛教八宝之一，涵义为"佛说回环贯彻，一起通明"，其外形生发出绵延贯通、好事不到头的吉祥意。

留园铺地，盘长象征绵延贯通，好事不到头

"鱼"与"余"谐音，把金鱼与莲花组成画面，表示"金玉同贺"。鱼象征发财富贵。

沧浪亭铺地图案中的鱼象征富贵，钱象征前途无量

蝴蝶，繁衍力强，民间年画有"百蝶图"，象征子孙兴隆。蝴蝶与猫画在一起，谐音"耄耋"，耄耋为 70—90 岁年龄的称呼，猫和蝴蝶的图案象征长寿。

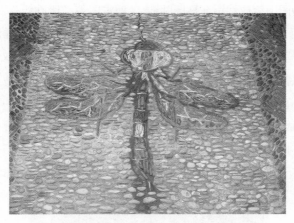

拙政园铺地图案，蜻蜓的涵义与蝴蝶相同

信仰

当两个菱形部分相交时，民间称为"方胜"，引言中已经谈过，古人认为方胜具有克制邪恶的神秘力量。方形纹形式多、应用广，有相交、相套、错位、连结等图案。大方形里套小方形，称"套方"；里面小方形之角对位于外方形边线中间，称"斗方"；重叠方形中心露出空白叫作"空白眼"；也有方形整齐排列如

棋盘叫作"方环"。这些图案的文化涵义都不如"方胜"明确，但仍带有"方胜"克邪一方面的意义。

拙政园"玉兰堂"套方形铺地既有装饰性又隐含那个时代人的某种神秘观念

厌胜钱。厌，压的意思，厌胜是古代方士的一种巫术，以诅咒或其他方式压制对象。按一定的图形铸成钱币，称厌胜钱，《博古图》："厌胜钱有五，一体之间，龙马并著，形长而方。"厌胜钱早在汉代就有，钱币正面有各种吉祥语，如"天下太平"、"千秋万岁"、"去殃除凶"等。背面铸各种图案，如星斗、双鱼、龙凤，龟蛇等。这类钱仅供赏玩，没有币值。后民间岁末除夕夜，用红线把流通货币的小铜钱串联起来，送小孩作压岁钱，与厌胜钱意思相同，用以制邪。串一百枚寓意"长命百岁"，有的串成鲤鱼形、如意形等表示吉祥。苏州古典园林回避世俗，一般在建筑上很难见到，以免误解，失了士人的身份。惟有窨井盖尚见钱币形，当然，那是厌胜的意思。下水道污浊阴秽之处，以厌胜钱置于窨井盖，有制邪之意。

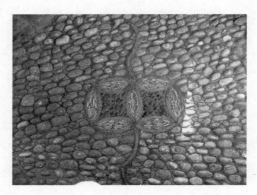

沧浪亭铺地图案，厌胜钱是古老的巫术之一，相信可以制邪

文人精神

文人含蓄，借象表意，委婉曲折，有时甚至晦涩。文人受良好教育，通晓诗书技艺，表达意思时讲究雅致，因此追求与内容一致的形式美，寄寓文人精神的园林铺地就是这样。

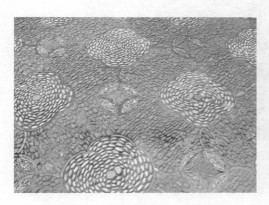

留园铺地图案，海棠花象征文人高贵风雅

拙政园"海棠春坞"铺地图案，海棠花的雅致与素净的墙面、精美的花坛反映文人的精神品位

二、建筑小品的文化涵义

园林中的建筑小品常见的有平台栏杆、花架、石桌、石凳、砖刻、碑碣、堆石和书条石等，小品在园林中担任很重要的角色，很多场合甚至是不可取代的。小品不仅起到补景作用，还常在景点中传达主题思想。所以，建筑小品的符号涵义往往超出我们的理解，具有重要的文化价值。本节就石雕、砖雕、石桌、石凳、平台栏杆、碑碣、堆石等几方面进行分析，帮助读者理解园林的主题。

石雕

苏州古典园林中沧浪亭建造时间最早，属宋代园林。园中古亭翼然，当年苏舜钦曾在亭中设酒会友，吟诵诗文，今天驻足于斯，最令人发思古之幽情。

苏舜钦曾设酒待客的沧浪古亭，最令人生发出怀古幽情

沧浪亭以石料为柱，两柱间石栏板不矫修饰，整座亭的石料上不施图案纹样，给人外表朴素、年代久远的感觉。面北两柱刻阴文对联：

清风明月本无价
近水远山皆有情

对联是清道光丁亥年（1827）布政使梁章钜和巡抚陶澍整修沧浪亭时所集，上联出自欧阳修《沧浪亭》"清风明月本无价，可惜只卖四万钱"；下联出自苏舜钦《过苏州》"绿杨白鹭俱自得，近水远山皆有情"。对联虽然工整，看来也贴切，向为观者啧啧称好，但是联系上文就可以看出，沧浪亭补加的这幅石刻对联其实不解苏子美的胸怀，苏子美真正有情于仕途，有心报效国家，实非近水远山。所以，沧浪亭石柱上这幅对整座园林具有概括地位的对联内容是欠妥的。

后人对沧浪亭补加的石刻对联其实不解苏子美的胸怀

留园"五峰仙馆"后院有土堆小阜，觅得清泉一泓，就势将两块雕有纹样的古朴石块围上，借景命名"汲古得绠处"。题名取《说苑》"管仲曰：短绠不可以汲深井"。又取韩愈诗"汲古得修绠"，喻清泉为学问，喻绠（绳索的意思）为刻苦钻研，意思是追求学问须下功夫，这个功夫就是能汲到水的绳索。"汲古得绠处"石块意象古奥，却有教育意义。

留园"汲古得绠处"启发学子要刻苦读书，古朴的石块纹样构成了汲古的意象

砖雕

砖雕是苏州古典园林小品的一种，水磨砖的细腻质地和浅灰色调较好地与园林气氛取得协调，砖雕高超的技艺手法和题材的丰富内涵进一步加强了园林的艺术感染力。门楼是砖雕集中的建筑，在苏州古典园林中，砖雕门楼尤以网师园为出色。

进网师园大门，穿过轿厅"清能早达"，即主厅"万卷堂"。天井南面为门楼，高约6米，雕镂幅面宽3.2米，全部用水磨砖构成。中间有"藻耀高翔"砖额，意为文采出众。两边空雕"文王访贤"、"郭子仪上寿"戏文图案和狮子滚绣球图案，下饰三个寿字，其他部位刻有蔓草、祥云、蝙蝠、莲藕、钱币等图案，整座门楼充满福禄寿喜的祥和气氛。

网师园砖雕门楼下半部

网师园砖雕门楼，"藻耀高翔"谓文采出众，下方三个寿字，园主祈求长寿

"文王访贤"是民间喜闻乐见的一出戏文，说周文王恳请姜太公出山辅助王政。网师园门楼采用"文王访贤"内容，意在取其"贤"，贤德是要求文人达到的很高目标，孔子云："见贤思齐焉"，这里表示园主有很高的修养。

网师园砖雕"文王访贤"寓意园主有贤德

"郭子仪上寿"也是一则戏文。郭子仪是唐朝重臣，借回纥兵，平定安史之乱。他生有7个儿子，8个女儿，无疾而终。场面描写了子孙满堂的祝寿景象。郭子仪被看作福、禄、寿、子、乐集于一身的吉祥人物。网师园门楼采用"郭子

仪上寿"，意在取一个"寿"字，象征吉祥。

网师园砖雕"郭子仪做寿"反映园主向往长寿

网师园门楼的如意纹砖雕有很深的涵义，关于如意《辞海》写道："器物之一，用竹、玉、骨等制成，头作灵芝或如意云叶形，柄微曲，供指划或赏玩之用。《晋书·王敦传》：'每酒后辄咏魏武帝乐府歌，以如意打唾壶为节，壶边尽缺。'李贺《始为奉礼忆昌谷山居》诗：'向壁悬如意，当帘阅角巾。'"

其实，如意还用作朝臣的仪物、仪仗的兵器。明代文震亨在《长物志》中记载如意："古人用以指挥向往，或防不测，故炼铁为之，非直美观而已。"由于用途广泛，所以材料也各不相同。

如意头部采用灵芝和云纹形。古人把灵芝看作仙草，服用后可以长生，班固《西都赋》："灵草冬荣，神木丛生。"承德避暑山庄有"芝径云堤"，相传，康熙初来赏景时，跑来一只梅花鹿，嘴里衔着一株三径三头的大灵芝，跑到康熙皇帝面前哞哞鸣叫，并围着他转了三圈才离去。康熙当即命人按灵芝形状修建长堤，遂把湖面分成左右两半，此传说象征康熙是圣人下凡。民俗图画中灵芝和柿子一起名"百事如意"。云经常与神仙安排在一起，因此云纹象征吉祥。灵芝形似云纹，又有神奇功效，故二者象征义相同。

但从另一方面看，如意又是随佛教传入的佛家器具。佛教中有一菩萨名"如意轮观音"，为六观音之一，法相手持如意宝珠，表示满足众生祈愿，密宗称

"持宝金刚"，有六臂。《观自在如意轮菩萨瑜伽》："手持如意宝，六臂身金色"。因许愿宏大，深得信众爱戴，这是如意纹深入民间的又一重要原因。道教盛行时，灵芝、祥云也象征如意。

网师园砖雕门楼如意纹象征吉祥

耦园"载酒堂"的砖雕门楼也很精美，额题"诗酒联欢"，反映文人雅趣。立体砖雕人物在"文革"中遭严重破坏，残留部分仍显出高超的雕刻艺术水平。另一处门楼砖雕虽不及"载酒堂"精细，但结构简洁严整、厚重沉稳，凸显"厚德载福"额题中的德之"厚"的意象，使"德"具象化。

耦园"载酒堂"砖雕门楼

耦园砖雕门楼，额题"厚德载福"表示园主崇德

艺圃的砖雕门楼额题为"刚健中正"，可谓浩然正气，在充满书卷气的苏州古典园林中仅此一例，与特定的历史有关，即第五章所述文氏兄弟事迹。额题

"刚健中正"四个字是文氏兄弟品格的写照。

艺圃砖雕门楼，额题"刚健中正"是园主一身正气品格的写照，也是晚明历史的追忆

石桌石凳

石桌石凳虽是建筑小品，却参与具体的景点布置，被寓以特殊涵义，须细加品味甚至联想才能找到恰切的意象。

沧浪亭内外的石桌石凳，构成主人苏舜钦精神生活的场景。

沧浪亭石桌石凳象征苏子美与友叙谈

狮子林"双香仙馆"是赏玩梅花和荷花的所在，内设一石桌四石凳，石桌侧面上部雕有荷花和莲子纹样，中部刻有琴棋书画，与题名内涵一致，表示园主品格清高，富有学养。

狮子林"双香仙馆"石桌、石凳

其他各个园林还有一些石桌石凳布置，较多作为隐居符号，有的则各具涵义，须细心品味。

留园"东园一角"自然石块构成的石桌石凳，象征会稽山的符号，隐居的涵义

平台栏杆

平台栏杆常用于临水建筑，如厅堂舫榭等处，拙政园"玉兰堂"北面、"留听阁"南面、"远香堂"北面都是佳例，能做到风格、年代与环境协调一致。

拙政园中部栏杆透出明代的气息

堆石

园林中的堆石有多种文化涵义，须视具体场景而定。大致有以下几种：

（1）象征帝王求生长寿愿望。最早上林苑中凿池堆三座山，象征海市蜃楼中的蓬莱、方丈、瀛洲，后北京颐和园和承德避暑山庄沿袭一池三岛布置，涵义与上林苑中三神山相同。

（2）象征空间概念。北宋皇帝徽宗在《艮岳记》中写园中假山："而东南万里，天台、雁荡、凤凰、庐阜之奇伟，二川、三峡、云梦之旷荡，四方之远目异，徒各擅其一美，未若此山并包罗列，又兼其绝胜。……虽人为之山，顾其小哉！……则是山与泰、华、嵩、衡等同，固作配无极。"这是中国山水画家的眼光，宋徽宗作为一名优秀的中国画家很熟悉中国画理，他对假山的解释最切中中国象征模式。中国许多艺术作品的象征义确实是通过宋徽宗式的个人内心联想而唤起的。在宋徽宗眼中艮岳就是大中华江山的全部，每个小山峰都有它的空间意义。北京颐和园万寿山脚的排云门广场堆石，也具有空间概念象征意义，广场置十二块太湖石，象征古人把周天划分的十二个天区，暗喻万寿山是宇宙中心。苏州狮子林是门徒为迎接天如禅师入住而建，因天如禅师的师父中峰禅师（普应国师）居住在浙江天目山狮子崖，园中堆石像狮子，象征浙江狮子崖。

（3）象征隐居。历史上许多高士隐居深山，被历代文人看作高尚行为。然而真要效仿却不容易，特别是拥有大量财物的人，不可能抛弃富裕的物质生活。于是，他们想出一条兼顾物质和名声的办法——象征性隐居，他们在城市中凿池堆石，以象征山水，标榜自己像高士一样隐居，所以城市园林中的堆石成为隐居符号。留园"五峰仙馆"前的堆石和"林泉耆硕之馆"前的冠云峰最为典型。

冠云峰是隐居的符号

（4）宗教信仰。阿拉伯麦加城的一块黑色陨石，每年引来无数朝拜的信众，石头也会成为宗教信仰的内容。园林中赋予人工堆石宗教意义的例子在日本较为多见，其实，苏州狮子林赋予人工堆石以宗教意义的规模较日本要大得多。狮子林堆石模拟狮子态，既有空间象征意义，又有宗教象征意义。因佛典认为"佛为人中狮子"，故园中狮子态堆石又被象征为众佛云集的须弥山，每一狮子态小石峰都被看做佛祖。

狮子林堆石，山深重峨，峰高峦青，净土无为，佛家禅地

（5）象征文人情趣。文人喜雅趣，喜石便是一例。白居易在《太湖石记》中解释牛僧孺嗜石原因："……石无文、无声、无臭、无味……而公嗜之何也？众皆怪之，吾独知之。……撮而要言，则三山五岳，百洞千壑，尔见缕簇缩，尽在其中。百仞一拳，千里一瞬，坐而得之，此所以为公适意之用也。"

白居易点明，园中缀石有不出家门而得山林野趣之妙，且可供想象、赏玩、寄寓情感。为此，苏州园林重视堆石，寄寓园主情趣。怡园"拜石轩"题名取北宋米芾拜石的故事，传说米芾爱石成癖，一次将喜好的怪石刚移至城中，马上设席，并拜于庭下，说："吾欲见石兄二十年矣"，后人称此"米颠拜石"。轩北天井布置怪石，再现"米颠拜石"场景，标榜园主情趣高雅。

（6）象征阴阳。耦园以易学原理为布局原则，以方位、物象等表达阴阳观念，园中堆石用意明显。东花园位于东，面积大，为阳，故用阳刚直线条的敦厚黄石堆叠；西花园位于西，面积小，为阴，故用阴柔多曲的纤巧太湖石堆叠。

第九章 江南园林植物布置的文化涵义

　　植物是园林中的重要构成因素，一般认为通过植物的时序布局实现其观赏功能和构景功能。其实，容易被忽略的一点是，植物在景点构成中还有文化符号的性质，传递园主人所寄寓的思想和愿望，植物所包含的那些信息，才是古典园林最有价值的内容，因为反映了园林构建的真实意图。植物布置的季节、位置以及种类选择，很多场合是服从园林文化功能的，即园主的构建思想。我们一定要首先把园林看作传统文化与园主个人思想结合的产物，园林既是文化产物，更是思想产物。本章通过分析植物的文化涵义，帮助读者理解植物所承载的园主思想。

一、几种植物的文化涵义举例

　　苏州园林常用的花木种类，刘敦桢先生《苏州古典园林》一书叙述十分详尽，不妨引用，以备查考。按观赏植物学分，大致如下：

　　　　观花类　因花色艳丽而芬芳，是园中主要观赏对象。常绿的有山茶，桂花。广玉兰、月季、杜鹃、夹竹桃、栀子花、金丝桃、六月雪、瓶兰、探春、黄素馨、含笑等；落叶的有牡丹、玉兰、梅、桃、杏、李、海棠、紫薇、丁香、木槿、木芙蓉、辛夷、蜡梅、紫荆、绣球、锦带花、迎春、连翘、珍珠梅、棣棠、郁李、榆叶梅等。其中牡丹有"花王"之称，花大色艳，是园中花台上的主要花种。海棠、紫薇因兼有姿态花色之美，山上、水滨、庭院等处无不相宜。海棠又有西府、垂丝、贴梗、木瓜之分，虽树形各异，都具有相当观赏价值，垂丝海棠花枝婆娑，园中栽植尤多。山茶与桂花既为常绿，又可耐阴，而且茶花色艳，桂花芬芳，故亦较多采用。蜡梅花香色美，是冬季的重要观赏对象，常作为院落种植的树种。

观果类　此类花木主要作为夏秋观赏之用，或作为冬季点缀。常绿的有批把、桔、香橼、南天竹、枸骨、珊瑚树等；落叶约有石榴、花红、柿、无花果、枸杞、枣等。其中枇杷果实金黄，既能观赏，又可供食用，各园颇多采用。南天竹亦称天竹，冬季结红果，常与蜡梅合栽，也是园中常用的重要树种。

观叶类　是园中不可缺少的树木。常绿的有瓜子黄杨、石榴、桃叶珊瑚、八角金盘、女贞、丝兰、棕榈等；落叶的有槭、枫香、乌桕。垂柳、山麻杆、柽柳、红叶李等。其中槭树种类很多，叶色姿态均有不同，是单株观赏或群植的较好题材。

林木、荫木类　这类树木是构成园中山林与绿荫的主要因素，也是园林植物配置的基础。常绿的有罗汉松、白皮松、黑松、马尾松、桧柏、柳杉、香樟等；落叶的有梧桐、银杏、榆。椰榆、榉，朴、糙叶树、槐、枫杨、臭椿、楝、合欢、梓、黄连木、皂荚等。其中枫杨生长较速，枝干盘曲，树冠有浓荫，容易形成葱茏的佳境，园中应用颇多。

藤蔓类　是园中依附于山石、墙壁、花架上的主要植物。因其习性攀缘，故有填补空白，增加园中生气的效果。常绿的有蔷薇、木香、薜荔、络石、常春藤、金银花、匍地柏等；落叶的有紫藤、凌霄、爬墙虎、葡萄等。其中紫藤除攀缘外，还可修剪成各种形态。木香花千枝万条，香馥清远，园中颇喜采用。

竹类　性喜温暖的气候和肥沃的土壤，姿态挺秀，经冬不凋，与松柏并重。由于生长快，不择阴阳，墙根池畔，皆可种植，常用的有象竹、慈孝竹、箬竹、石竹、观音竹、寿星竹、斑竹、紫竹、方竹、金镶碧玉竹等。其中像竹竿大且直，多成片种植，绿意盎然。箬竹叶阔，低矮成丛，多植于山上、石间，增添山林野趣。紫竹、方竹竿叶纤细，多植于墙阴屋隅，或用以填补空白，遮挡视线。

草本与水生植物类　草本植物常见的有芭蕉、芍药、菊花、萱草、书带草、诸葛菜、鸢尾（蝴蝶花）、紫萼、玉簪、秋海棠、茉莉、凤仙花、鸡冠花、蜀葵、秋葵、鸭趾草、虎耳草等。其中芭蕉多植于庭院、窗前或墙隅，姿态扶疏，绿荫如盖。水生植物常用的有荷花、睡莲、芦苇等。

《苏州古典园林》成书于20世纪60年代，因当时历史环境，被限制从文化根源上讨论园林，但并不代表刘先生不懂园林文化的深层内涵，下面一段文字正好作了证明：

> 过去苏州古典园林对花木种类的选用，和封建地主阶级的意识形态与艺术标准，以及园主们的喜好有密切的关系。例如对于花木讲究近玩细赏，因而比较重视枝叶扶疏。体态啸洒，色香清雅的花木；对树木的选择常以"古"、"奇"、"雅"为追求的对象。封建迷信思想，在花木种类选择上也有许多反映，例如认为栽植紫薇。榉树象征高官厚禄。玉兰、牡丹谐音玉堂富贵，石榴取其多子，萱草可以忘忧等，因此就使花木选用受到了局限。解放以后。在园林的修整过程中，批判了这些观点，花木的配植主要根据园景需要，同时注意结合生产，纠正和改变了过去那些局限，大大丰富了树种。美化了园景，有些花木还取得了一定的经济收益。[1]

今天，我们把刘先生的话再颠倒过来理解，恰恰是他对园林文化本质的阐述。因此，下文将从文化角度叙述植物蕴涵的传统文化涵义，揭示植物在景点中的角色作用，还原园林文化的本义。由于有的植物布置仅为满足单一的布景功能，并没有文化涵义，所以下文主要叙述文化涵义丰富的观花类、观果类和林木、荫木类三类植物。

观花植物文化涵义举例

桂花，象征友好和平。战国时期，燕、赵两国互赠桂花表示友好。桂花还象

---

[1]　刘敦桢：《苏州古典园林》，中国建筑工业出版社1979年版，第45页。

征爱情，青年男女以赠送桂花表示爱慕之情。北方地区把桂花编成催生符放在产妇床边，象征顺利。其他的吉祥象征涵义如"折桂"，喻科举及第，《晋书·谷诜传》："武帝于东堂会送，问诜曰：'卿自以为何如？'诜对曰：'臣举贤良对策，为天下第一，犹桂林之一枝，昆山之片玉。'"唐温庭筠《春日将欲东归寄新及第苗绅先辈》："犹喜故人先折桂，自怜羁客尚飘蓬。"在民间美术中，与莲、笙画在一起，利用谐音，象征"连生贵子"。

杜鹃花，又叫映山红，每年杜鹃鸟啼叫时开花。据说杜鹃鸟发情时日夜啼叫不止，以致嘴巴流血，染红花朵，故名。杜甫《杜鹃》："杜宇竟何冤，年年叫蜀门。至今衔积恨，终古吊残魂。芳草迷肠结，红花染血痕。山川尽春色，呜咽复谁论。"杜鹃鸟喙部和颈部发红，也是杜鹃花名字的来源之一。杜鹃叫声哀婉低回，被拟为"不如归去"，人们把它看作怨鸟，由此，杜鹃花象征爱情。杜鹃花色泽殷红，人们又以杜鹃花喻漂亮女性。

菊花，又叫重阳花，难能可贵的是盛开于万花凋谢时的秋天，且不畏霜寒，临风绽放。唐朝诗人《菊花》一诗叹曰："不是花中偏爱菊，此花开尽更无花。"宋代周敦颐更是把菊花与陶渊明隐居联系起来，赋予菊花隐居的象征义，《宋濂溪周元公先生集·爱莲说》："晋陶渊明独爱菊……予谓菊，花之隐逸者也。"四君子指梅、兰、竹、菊，被文人奉为高洁自好的精神象征。

辛夷，别称木兰、紫玉兰、娜花等，是一种丛生灌木或落叶小乔木，因花苞有毛尖长如笔，又称木笔。宋诗人陆游诗写道："篛龙已过头番简，木笔犹开第一花。"明代张新也有诗写道："梦中曾见笔生花，锦字还将气象夸。谁信花中原有笔，毫端方欲吐春霞。""笔"与"必"同韵，故木笔常与寿石在一起，寓意"必得其寿"，见于画稿和什器、文具的图案装饰。唐朝王维的辋川别业中有一个景点以辛夷命名，叫"辛夷坞"，在岗坞地带大片种植辛夷而成景。辛夷形似荷花，王维诗："木末芙蓉花，山中发红萼，涧户寂无人，纷纷开且落。"成为坐禅内省的不朽名句，辛夷借此又有隐居涵义。

山茶花，又名茶花、耐冬、曼陀罗海榴。《花镜》写山茶"叶似木樨，阔厚而尖长，面深绿滑，背浅绿，经冬不凋。以叶类茶，故得茶名。"唐朝温庭筠《海榴》："海榴开似火，先解报春风。"曾巩也有《山茶花》诗写道："山茶花开春未归，春归正值花盛时。"山茶花因此象征春天。民间把山茶花与绶鸟画在一起，借绶鸟的"绶"字与"寿"的谐音，把画题名"春光长寿"。苏州拙政园西部"十八曼陀罗花馆"因厅南种植十八枝山茶花而得名。有对联一副象征春意：

迎春地暖花争坼，茂苑莺声雨后新。

水仙花，别名女史花、桃女花。相传为水中仙女所化，宋代朱熹《朱文公集·用子服·韵谢水仙花》："水中仙子来何处，翠袖黄冠白玉英。"民间还认为水仙花能辟邪除秽，被用作吉祥图案，如与寿石一起，名"群仙拱寿"；与花瓶一起，称花瓶为"仙壶"，喻仙人居所。园林每逢花季，必供于厅堂案桌。

月季花，每月开花，颇得好评。宋祁《益都方物略记·月季花》称："此花即东方所谓四季花者，翠蔓红葩葩。"杨万里《月季花》一诗写道："只道花无十日红，此花无日不春风。"明代张新也写《月季花》咏道："一番花信一番新，半属东风半属尘。惟有此花开不厌，一年四季长占春。"民间把月季花象征为四季长春，如瓶中插月季，谓之"四季平安"；葫芦和月季花或卍字锦上散布月季花，谓之"万代长春"。

合欢，又名马缨花、夜合花。羽状复叶，小叶对生，白天张开，夜间合拢。夏季开花，呈淡红色。民间有"合欢杯"、"合欢扇"、"合欢襦"、"合欢被"等，建筑中，合欢图案用于合和窗，这些都象征合欢团聚和男女和合欢乐。

观果植物的文化涵义举例

枣，谐音"早"字，婚俗中把枣和栗子放在一起，谐音"早立子"，祝愿新婚夫妇早得儿子。还有新娘拜见公婆，奉献枣子和栗子，枣取早敬义，栗取肃栗义，象征对公婆的敬重孝顺。

甘肃、陕西、山西一带有新年蒸枣山面花的习俗。农历正月初一，蒸制人形面糕，将12颗红枣嵌于中间，象征一年十二个月。开犁这一天，将枣山面花放在盘子中，送到田头，点花炮敬土地神。再手掰一点枣山面花撒在地上，然后吃下，象征来年丰收。

柿，开黄色小花，秋天结果。"柿"谐音"事"，与桔子在一起，象征"百事大吉"，与如意在一起，象征"事事如意"。

天竹，又称天竺、南天、南天竹，常绿灌木。春夏开白花，果实球形，秋季熟时变红色，宜观赏。宋代陆游《剑南诗稿·新寒》："安石榴房初小坼，南天竺子亦微丹。"民间取天竹名谐音，以天竹代表天，图案中天竹和南瓜、长春花一起，象征"天长地久"、"天地长春"；天竹与灵芝一起，象征"天然如意"。

石榴因其"千房同膜，十子如一"的形象，象征多子。旧时山西南部定亲换帖后，女方送男方礼物中要有 10 个石榴，其中女婿吃 1 个，祝愿多子多福。

林木、荫木植物的文化涵义举例

银杏，俗称白果树，落叶乔木，树龄可达两三千年。相传轩辕氏复姓公孙，银杏幼小时可追及轩辕氏时代，所以又称为"公孙树"，象征长寿。

槐树，开淡黄色小花，结圆长条形荚实，形似金元宝，被视为吉祥物。民间栽种普遍，有吉词道"门前一棵槐，不是招金，就是进财"。"槐"字谐音"怀"字，象征拥有的意思。

知道了植物承载着的文化涵义，就可以通过植物涵义进一步认识景点布置的寓意。下面具体分析几个园林景点植物布置的文化涵义。

二、留园景点植物布置的文化涵义

古木交柯

留园中部南墙花坛，据载原种植一棵明代古柏，无意花坛自己生出女贞一株，与古柏缠绕相生，交柯连理，因其景殊异，被列为留园十八景之一。"连理枝"古人看作吉祥征兆，《郁离子·荀卿论三祥》："楚王好祥，有献白乌、白鹠鸰、木连理者，群臣皆贺……"古人还把连理用于服饰，称连理带。连理枝象征夫妻恩爱，永不分离。三十多年前，古柏意外病死，后补种百龄古柏一棵，然女贞已不复存在，现以天竹、山茶代替，涵义已不确切。古木交柯景点的原含义是借古柏、女贞凌寒不凋、四季常青的自然特征，抒发文人的自傲精神，这一内涵由对联诠释：

素壁写《归来》
青山遮不住

上联指陶渊明的《归去来兮辞》，下联指辛弃疾的《菩萨蛮·书江西造口壁》"青山遮不住，毕竟东流去"诗句，含义是归隐之意已决，官场浮华已不能羁留自己，他将如东流之水回到该去的地方——一个有精神自由的地方。前框有砖刻"长留天地间"五个字，更是指明精神自由像古柏女贞一样，是青翠不凋、长留天地间的。留园园主对精神自由的追求十分执著，归隐留园后，一头扎进佛教世界，到超自然世界寻求人格完整的自我。

补种的山茶树仍有古柏凌寒不凋，四季常青的自然特征，借以抒发文人的自傲精神

小蓬莱

留园"小蓬莱"象征传说中的仙岛，园主自述："园西小筑成山，层垒而上，仿佛蓬莱烟景，宛然在目"，借此寄托对仙界的向往。小蓬莱以廊桥连接池岸，种植紫藤数枝，覆盖于廊桥顶棚。书载紫藤，亦称"朱藤"、"藤萝"，豆科，高大木质藤本。春季开花，蝶形花冠长 2.5—4 厘米，青紫色。小蓬莱布置紫藤不是偶然，而是取民俗中青紫色的吉祥意。

青色，周代大夫房屋柱子的规定颜色，在先秦位列第三等。青色也带有神圣的涵义。古代祭祀的天帝共有五位，居住在东方的是"苍帝"，"苍"即"青"。还有一种流传很早的神鸟叫青鸟，侍奉在西王母左右，据说青鸟能救人性命，使人死而复活，是生命神灵的象征。赋予青色以象征意义还有一则传说：先帝大嗥手下有一神叫句芒，是主木之官，他手里拿圆规，掌管春天，带来青色，青色象征春天和生命。

紫藤花颜色象征仙境和富贵

　　紫色在民俗中属富贵色，来历是古人把天上居中不动的星系看作天神的住所，叫紫薇垣，天宫为紫色，人间仿造的皇宫对应叫做紫禁城。紫色对应的数字是"九"，"九"最大，所以紫色为帝王专用。由于五行说影响，皇帝穿黄色袍服，紫色袍服就为贵族专用。唐朝严格规定穿紫色袍服的等级，须亲王及三品官或五等以上母妻才能穿着。

　　紫色又是吉祥色，传说老子出函谷关，关令尹喜见有紫气从东而来，知道将有圣人过关。果然老子骑了青牛前来，喜就请老子写下了《道德经》。老子在民俗中是神仙，居住在紫薇垣紫宫中，他的到来，携带着吉祥的紫气，所以有"紫气东来"之说，表示祥瑞。

三、拙政园景点植物布置的文化涵义

梧竹幽居

　　建于拙政园中部的四面开敞小亭，取唐羊士谔《永宁小园即事》诗句"萧条梧竹月，秋物映园庐"题名"梧竹幽居"，旁边植梧桐树和竹子。梧桐被看作圣洁之树，如《庄子·秋水》："夫鹓雏（传说中与鸾凤同类的鸟）发于南海而飞于北海，非梧桐不止，非练实不食，非醴泉不饮。"

　　民间把梧桐看作凤凰栖息之树，"家有梧桐树，何愁凤不至"。白居易也有"栖凤安于梧"诗句，相信家种梧桐，引凤来栖，可以给家带来吉祥。竹子象征高风亮节。进一步看，竹节在外为阳，梧桐树中空有节疤，为阴，古代出殡，男性长者拄拐用竹子，女性长者拄拐用梧桐木，所以梧桐和竹子一起还有阴阳和合之义。

梧竹象征高洁，还有阴阳和合之义

　　梧竹周围以不规则石板铺地，暗示为山的余脉，高士隐居之意。景点以梧竹构景，标榜园主清高。

石板铺地，暗示为山的余脉，与梧竹构景，标榜清高

枇杷园

"枇杷园"为拙政园的大型院落。枇杷为吴中特产，每年五月，果实成熟呈金黄色，汁多肉嫩，清香甜蜜。金黄色果实累累一树，给人殷实富足的联想，南宋戴复古《初夏游张园》："东园载酒西园醉，摘尽枇杷一树金"，又文徵明在《拙政园图咏》中写道："倚亭嘉树玉离离，照眼黄金子满枝。"因其姿态姣好，向为吴门画师喜好，常作入画题材。拙政园集中于一封闭庭园内，种植数十棵枇杷树，以群植突出枇杷特征，象征殷实富足。每一果实内含一至数颗坚核，又象征子嗣昌盛。民间有"天中集瑞"吉祥图案，画面为一蜘蛛吊垂巢下，另有枇杷、蒜、樱桃和菖蒲。故又名"天中瑞结黄金果"。民间相信，蜘蛛兆喜，《广五行记》："蜘蛛集于军中及家中，有喜事。"

满园富贵关不住

枇杷园南面再布置一亭，四周延种枇杷树，结果季节也是"芳叶已浩浩，嘉实复离离"，与桔子在一起故名"嘉实亭"。嘉实亭与枇杷园的枇杷树两相呼应，加强了枇杷吉祥象征义，大有满园富贵关不住的热烈气氛。

嘉实亭

待霜亭

"待霜亭"位于拙政园中部，额取唐韦应物"书后欲题三百颗，洞庭须待满林霜"诗句意。亭周围多种吴县洞庭山桔树，这种桔树果实小而皮薄，霜降后开始变红，以"待霜"名亭，借桔特征寓意凌寒坚贞，不怕摧折的骨气。清翁同和为亭撰书对联云：

葛巾羽扇红尘静
紫李黄瓜村路香

待霜亭

戊戌变法后，翁同龢开缺回籍，过着"葛巾羽扇"的平民生活，他远离官场后并无丝毫眷恋或失落悲哀的情绪表露，相反乐于宁静，体味"紫李黄瓜"田园生活的美妙。对联内容十分契合"待霜"寓意，安于宁静淡泊和不怕霜寒摧折的态度同是文人的风骨，能安于"淡泊宁静"和"经霜愈红者"方为真君子。"待霜亭"布置桔树，以桔子自然特性写照文人精神。

远香堂

苏州园林以荷花命名的景点主要集中在拙政园，有"芙蓉榭"、"远香堂"、"荷风四面亭"和"留听阁"诸景点。

荷花含有多重吉祥寓意，佛教传入中国后，荷花象征祥瑞，民间利用谐音和画面象征吉祥内容几近无所不包，《中国荷文化》一书搜集如下：[1]

一品清廉——一茎荷花的纹图，见于画稿、什器、文具等。以莲之高洁喻为官之清廉，"青莲"和"清廉"音同。

本固枝荣——莲花丛生的纹图。莲是盘根植物，并且枝、叶、花茂盛，以祝世代绵延、家道昌盛。

连生与莲子（俗称莲蓬）的纹图。莲与别的植物不同，花和果实同时生长，所谓"华实齐生"，故莲子喻"贵子"、"早生贵子"之意。

鸳鸯贵子——鸳鸯和莲花的纹图，广泛用于结婚用品，梳妆镜、脸盆、手帕、工艺品等，或织绣、或雕镂、或塑造、或绘画，是极好的祝吉用品。

鸳鸯戏荷——鸳鸯在荷池中顾盼戏游的纹图，亦题"鸳鸯喜荷"。常用于画稿、家具、什器、衣料、建筑等，尤以妇女用品为多。

连年有余——童子、莲花和鱼的纹图。寓意生活富裕美好，为新年吉祥语。亦常见于民间年画、刺绣、丝帕、画盘等。

因何得藕——荷花、莲蓬和藕组合而成的纹图。是一句祝贺新婚、姻缘的吉祥语。这种纹图见于画稿、什器、衣料以及各种装饰品。《本草纲目》云："夫藕生卑污，而洁白自若；质柔而实坚，居下而有节。孔窍玲珑，丝轮内隐，生于嫩弱，而发为茎叶花实，又复生芽，以续生生之脉。"因而，藕寓夫妇之偶以及生子不息之意。

聪明伶俐——藕、葱、菱和荔枝的纹图。莲有并蒂，并头，一蒂两花者，为

---

[1] 李志炎、林正秋：《中国荷文化》，浙江人民出版社1995年版，第93—95页。

男女好合，夫妻恩爱的象征。喜联中常以此入对，如：比翼鸟永栖常青树，并蒂花久开勤俭家；红妆带绾同心结，碧沼花开并蒂莲。又，莲藕有窍相通，示通气，言"同心"。

和合二圣——蓬头笑面赤脚的两位神人，一持盛开荷花，一捧有盖圆盒的纹图。取和（荷）谐合（盒）好之意。被人们奉为欢喜、和合之神，是掌管婚姻的喜神。和合之像多于婚礼时陈列悬挂，或常年悬于中堂，寓谐好吉利之意。瓷塑、泥塑亦有和合二圣像，置于几案厨柜，作为装饰和祝吉。

河清海晏——荷花、海棠和飞燕的纹图。寓意天下太平。

五子夺莲——五位童子、莲蓬和莲花的纹图。

连登太师——童子、莲花和狮子的纹图。常以此作为祝人官运亨通、飞黄腾达的吉祥语。

一路连科——一只鹭鸶和荷花、荷叶的纹图。鹭谐路音，莲谐连音，荷谐科音，是科举时代应试考生的祝颂之辞，即此行赴考每试必中之意。

路路清廉——一朵青莲花与两只白鹭的纹图，是祝颂为官清正廉明的吉祥语。

"远香堂"位于中部主景区，建筑依傍荷花水池，因以命名。用荷花题材，是借重荷花的品格来象征园主的人品。"远香堂"额取北宋周敦颐《爱莲说》中"香远益清"句意。

借荷花标榜自己出污泥而不染，讽刺官场

历代歌咏莲花的作品俯拾皆是，唯有《爱莲说》意境最高远，道出荷花在污浊环境中保持高洁的情操，从此莲花为洁身自好的君子自比，被大家引用励志。远香堂为拙政园主厅堂，客人入门即见远香堂，面对一池荷花，便能体会到园主重笔浓墨突出荷花主题借此标榜清高的寓意。

得真亭

拙政园中部植黑松几棵，旁有"得真亭"，取《荀子》"桃李倩粲于一时，时至而后杀，至于松柏，经隆冬而不凋，蒙霜雪而不变，可谓得其真矣"之意。亭壁有康有为手书对联：

松柏有本性

金石见盟心

此景点以黑松为主题，借松柏特性，象征主人的坚毅品格，既是自励又是标榜。

松柏不怕摧折，象征坚贞品格

边侧又建一小室，《南史·陶弘景传》："特爱松风，庭院皆植松，每闻其响，欣然为乐。"故名"听松风处"。室内有额题道："一庭秋月啸松风"，与得真亭相呼应。

听松风处，坚强如松，静止如水，君子也

玉兰堂

拙政园"玉兰堂"是明代建筑，为一封闭小院，曾为文徵明作画之所，名"笔花堂"。院内主植玉兰树两棵，后改名"玉兰堂"。玉兰亦称白玉兰、望春树、

玉树临风比喻貌美的俊才，也象征高洁

望春花。其花色白微碧，香如兰。每年早春开花，花瓣姿态优雅，卓尔不群。一树素色，亭亭玉立于寒意料峭的春风中，高雅圣洁的形象一扫冬季静穆肃杀景象，被传说为神树，象征富贵。也比喻姿貌秀美，才华出众的人。文徵明为明代苏州四大才子之一，人中俊杰，洁身自好，"笔花堂"前植玉兰，是画家品格的写照。

留听阁

位于拙政园西部，单层建筑，体量小巧，四面玻璃升窗，窗格图案精美绝伦，室内可四面赏景。

阁南建平台，供赏荷花。平台上置一丈多长的青石台，古意盎然。"留听阁"取唐朝诗人李商隐"秋阴不散霞飞晚，留得残荷听雨声"诗句意，大多解释为此处宜深秋雨天听雨打枯荷声，是以声助观赏的布置。但是，古典园林布置大都不会单层表意，残荷应该理解为园主坚贞精神的意象。荷叶是藕的水面可见部分，藕才是生命本体，形败只是表面现象，本体不死，则来年必然新枝嫩叶焕然一新，这是荷的自然特征。园主隐居只是形，而本体的人的内心世界并未如枯槁荷叶，恰恰如隐伏于淤泥深处的莲藕，等待来年叶展花开。我们应该承认，绝大多数文人都具有荷的这种品质，不轻易放弃，把自己放在永远的期望中。

残荷象征贞洁的精神不败和新生的孕育

"留听阁"借残荷象征坚贞，还从建筑上予以呼应，阁内有银杏木雕松竹梅槅扇挂落和飞罩，图案中松竹梅生机勃发，鸟雀欢跃。这些都是傲世、坚贞和生命不息、精神不败的写照。

山雀和松竹梅象征乐观向上

听雨轩

拙政园次要部位建筑，因其隐蔽，独得一片幽静的小天地。"听雨轩"布景取南唐李中《赠胸山杨宰》诗意："听雨入秋竹，留僧复旧棋。得诗书落叶，煮茗汲寒池。"门前，庭院布置一小水池，池畔植芭蕉几株，更兼翠竹数杆，大块绿色在青砖铺地映衬下，鲜艳夺目，为庭院主色调。芭蕉叶与珠、钱、磬、祥云、方胜、犀角杯、书、画、红叶、艾叶、鼎、灵芝、元宝锭等十四件吉祥物品，被称作杂宝。风中摇曳的蕉叶与池岸嶙峋湖石形成软硬不同基调的对比，动静相宜，堪称庭院佳构。

室内，竹廉掩窗，中置一棋桌；沿墙博古架上有瓷器物什几样；书架累迭诗书。布置富丽雅致，与室外庭院布置融通一体，弥漫着的文化气息令人震撼，令驻足者心灵澄澈。

芭蕉最是堪听雨

四、沧浪亭景点植物布置的文化涵义

翠玲珑

苏州古典园林布置竹最多的是沧浪亭。沧浪亭"翠玲珑"周围有近20种竹子，如矮秆阔叶的箬竹、碧叶披秀的苦竹、疏节长杆的慈孝竹、竹节环生毛茸的毛环竹、身染美丽黑斑的湘妃竹、青翠水灵的水竹、茂叶密披的青秆竹、宽叶浓荫笋蔓满地的哺鸡竹、秆皮黄色槽嵌绿条的黄金嵌碧玉竹和秆皮翠绿槽嵌黄条的碧玉嵌黄金竹等等。夏秋去时，绿荫蔽日，荫翳可人，冬春去时绿意满天，生机盎然。"仰止亭"布置在"翠玲珑"北侧，亭内石刻描画与苏州有关的名宦士人晚年在沧浪亭的生活片断，《诗经·车辖》云："高山仰止，景行景止。""仰止亭"取其意，表示对这些苏州名贤的高尚道德仰慕崇敬，并借"翠玲珑"一片竹子，赞誉这些名贤的品格。仰止亭内对联，可以为证：

未知晚年在何处，不可一日无此君。

"翠玲珑"、"仰止亭"一带成为文人雅游、觞咏作画之地，以示清高。

沧浪亭"翠玲珑"竹林象征文人品格

"仰止亭"借"翠玲珑"竹子表示对先贤的景仰

第十章 江南园林景点布置的文化涵义

景点布置由若干个部分构成，如房屋、山石、水池、树木、书条石、铺地、小品等建筑因素，为一个主题服务。园主往往借助各种具有象征意味的图案和符号，时而委婉，时而晦涩，时而"顾左右而言它"地表达思想情感，景点内涵丰富，耐人寻味。不深察其背后涵义，很容易造成理解错误，甚至南辕北辙，失之千里。

一、园林景点布置中的隐居思想

一池三岛

一池三岛做法历史悠久，可以追溯到秦汉时代。权力的魅力使帝王惧怕死亡，希冀长生不老，永坐王位。秦始皇听信东海之中三座神山，上有长生不老之药传说，求仙心切，多次派人甚至亲临东海寻觅仙踪，回都后引渭水为池，池中堆叠三座岛，象征东海蓬莱、瀛洲、方丈三神山。汉武帝在位时，继续建造上林苑，规模宏大的建章宫紧邻未央宫，周围三十里，有宫殿建筑二十多座。宫北部为太液池，池中复建蓬莱、方壶、瀛洲三岛，象征东海三神山。太液池面积很大，班固的《西都赋》描写道："前唐中而后太液，览沧海之汤汤，扬波涛于碣石；激神岳之嶈嶈，滥瀛与方壶，蓬莱起于中央。"从此，"一池三岛"成为中国造园史上的一种经典模式。苏州拙政园、北京颐和园和承德避暑山庄都有重现。

拙政园以一高一低两座山岛、一座平地岛和三座亭表现一池三岛，雪香云蔚亭居中，待霜亭稍矮居东，荷风四面亭建于西面平地岛上。山用黄石抱土叠造，三座山间用小桥和短堤联接，山体高低错落，体量合度，与池对岸远香堂一线建筑比例十分和谐，三岛没有造成中部空间逼仄之感。一池三岛布置的文化涵义源自中国帝王的求仙长生思想，而拙政园池岛乃文徵明画笔下的山水意境，是文人的隐居象征符号。

五峰仙馆

留园"五峰仙馆"为苏州园林最大的楠木厅堂，庭院内堆一数峰耸立的假山，象征庐山五老峰，庭院以石板铺地，象征山的余脉。"五峰仙馆"名借李白《望五老峰》诗："庐山东南五老峰，青天秀出金芙蓉；九江秀色可揽结，吾将此地巢云松"的意思，暗喻园主隐遁山林，不为官宦的心态。堂内作对联以自励：

历宦海四朝身，且住为佳，休辜负清风明月
借他乡一厘地，因寄所托，任安排奇石名花

厅内楹联又写道：

读《书》取正、读《易》取变，读《骚》取幽，读《庄》取达，读

假山附比庐山五老峰

《汉文》取坚,最有味卷中岁月;与菊同野,与梅同疏,与莲同洁,与兰同芳,与海棠同韵,定自称花里神仙。

在"五峰仙馆"的布置中,园主借《望五老峰》诗意,自比李白。

曲溪楼

"曲溪楼"题名语出"流觞曲水"典故,南朝梁宗懔《荆楚岁时记》:"三月三日,士民并出江渚池沼间,为流杯曲水之饮。"古人每逢三月上旬的巳日(魏以后始固定为三月三日),到水边嬉游,以消除不祥。当天,集会于曲水之旁,在上流放置酒杯,任其顺流而下,直到停止流动,在谁面前,谁则取而饮之,叫做"流觞"。

王羲之于东晋永和九年(353)暮春三月,与文人谢安、孙绰、许询等四十一人宴席兰亭,饮酒赋诗,并作《兰亭集序》,写道:

此地有崇山峻岭,茂林修竹,又有清流激湍,映带左右,引以为流觞曲水,列坐其次,虽无管弦之盛,一觞一咏,亦是以畅叙幽情。

一泓池水仿佛兰亭雅集再现

流觞曲水，河边畅饮，自魏晋始，成为文人风流雅韵一大时尚。园主借此典故题名，表达他对流觞曲水文人雅事的向往，寄托自己不随流俗的情怀。此时，水池又因曲溪楼而象征兰亭的一弯溪流了。

林泉耆宿之馆

留园"林泉耆宿之馆"题意为年高德劭的隐士名流憩息之所。建筑为面阔五间的鸳鸯厅，南面接东园，园主借谢安隐居会稽山典故，门头上砖刻"东山丝竹"。谢安，东晋政治家，士族出身，官至宰相。隐居会稽东山时，常与王羲之、许询、支遁等人交游，钟情于山水，好丝竹之乐。园主追寻谢安昔日隐逸生活情趣，曾搭建苏州第一戏台，陶情于丝竹之乐，以此自比谢安。

年高德劭的隐士名流憩息之所

馆为鸳鸯厅，特征是南北装修不同，南面屋架圆梁，为堂，"堂者，当阳也"。南面为尊位，以主厅规格布置，接待贵宾，内设太师椅、天然几、供桌等家具。北面设榻，供主客人观赏冠云峰。

园主借石寓意，冠云峰一石象征魁伟群山，因小见大，暗喻隐居。

圆木梁为堂，朝向南象征尊贵

北厅对景冠云峰，象征高山和隐居

又一村

留园西部景区为陶渊明隐居意境的布置。"又一村"地形东西窄，南北长，占地十余亩。以隐居为主题，堆叠高 7 米左右、东西长 24 米、南北宽 60 米的黄石假山，遍植枫树，造成自然山林景观。又借用陶渊明作品《归去来辞》和《桃花源记》内容，山上设"至乐亭"和"舒啸亭"。山南布置蜿蜒小溪，两岸植桃柳，溪尽头题"缘溪行"三字点景，引出桃花源意境。

小桃坞布置在山北，荫翳成林，与小溪呼应构成避世的世外桃源，是文人隐居的理想意境。小桃坞须与整个西部景区布置结合，方有意味。其中"至乐亭"取《阴符经》"至乐性余，至静性廉"之意。表达园主对隐居生活的满足。"舒啸亭"取陶渊明《归去来辞》"登东皋以舒啸"之意，追随前贤归乡乐天命的选择，暗喻自己内心"富贵非吾愿，帝乡不可期"的独白。小桃坞和小溪都作为文化象征符号，起点题引景、发人联想的作用。

景区东南角跨溪建有小榭，名"活泼泼地"，水自榭下流过，开轩凭栏可见鱼鸟自在活泼，有联曰：

水转桐溪约秋禊

路寻花步赋春游

表白园主深刻认识到人生本意，出世隐居与鱼鸟一样，摆脱功名利禄羁缚，如鱼得水，如鸟出笼，回归自然，悠闲生活才是人生根本法则。这是园主向老庄学习，向陶渊明学习，也向佛经中去寻开悟的结果。可以说，"活泼泼地"布置是西部景区布置的结束语，表白陶渊明式的隐居，自然活泼的生活是他对人生本意的最终认识。而一山的枫林，深秋霜降后，红透的树叶若落霞披锦，正好是历经人生波折而保持洁身自好的文人品格的象征。

梯云室

网师园北部的"梯云室"体现道教求仙思想的主题。位于园中轴线底部，原为园主子女内室。梯云室题名来自唐张读《宣室志》中载周生八月中秋以绳为梯，云中取月的故事。庭院西墙的峰洞楼梯假山，用云头皴手法堆叠而成，造成山耸入云的意象。主峰在五峰书屋东，可登山道进入楼中，取周生梯云取月之意。

登山道进入楼中，象征周生梯云取月

　　假山对面设圆洞门，题名"云窟"，内置树木山石，形成对景。站在假山上观看"云窟"，恰似一轮满月，内中布置树木山石又如夜观月亮之图案，使人联想起"吴刚伐木"的神话故事。"云窟"布置的巧妙在于借圆洞门造天上圆月的意象，与对面山呼应，互为对景。站在假山看"云窟"，因觉山近月而高耸；站在"云窟"看假山，因觉月高而山渺远，使不同位置得到的感觉都趋合理，从而形成"梯云取月"的效果。"梯云取月"意指学道求仙，不食人间烟火，已经到了隐居最高境界。

　　室内装修精美，中设圆光罩，雕刻双面鹊梅图。南面六扇长窗，刻有花卉、山水图。

　　鹊俗称喜鹊，又被称为"神女"。鹊喜干燥，故又称作阳鸟、干鸟，《易卦》："鹊者阳鸟，先物而动，先时而应。"民俗认为鹊叫有喜事，《西京杂记》："干鹊鸣而行人至，蜘蛛集而百事喜。"绘图中，喜鹊高登梅梢，谓"喜上眉梢"或"喜报春先"。

"云窟"，恰似一轮满月

长窗上刻有龙花拐子，由龙纹和卷草纹演化合成，含有龙的象征义。

盘长，佛教八宝之一，有"佛说回环贯彻，一起通明"的涵义，象征绵延贯通。梯云室罩采用盘长，反映佛道合流，也象征吉祥。

"梯云室"北面设一小庭院，花坛植玉兰树，旁布置湖石，精巧耐观。与室内圆光罩相映成景。

室外筑平台，石栏柱雕暗八仙花篮，反映园主求仙心理。花篮代表八仙之一蓝采和，据《太平广记》记载，蓝采和衣着破烂，一脚着靴，一脚光足。夏天穿棉衣，冬天睡在雪地里，热气蒸腾。常放歌高唱：

踏歌蓝采和，

世界能几何？

红颜一春树，

流年一掷梭。

古人混混去不返，

今人纷纷来更多。

朝骑鸾凤到碧落，

暮见苍田生白波。

长景明晖在空际，

金银宫阙高嵯峨。

　　有人送钱给他，他用绳子穿起来在地上拖着走，常散发给穷人。如此周游了许多年，儿时见过他的人，到白发苍苍再见他时，发现他容貌竟丝毫未变。一天，蓝采和周游到濠梁一带，醉倒在酒楼。忽闻笙箫声当空传来，空中出现一朵彩云和一只仙鹤，随即他的身体被轻托入云，冉冉而去。他常用的腰带、拍板和常穿的烂衫、单靴从云端徐徐落下，转眼间消失得无影无踪。

　　阶下，有"仙鹤翔舞"铺地图案与梯云室学道求仙主题呵成一气。

瀑布

　　狮子林易主贝氏后，即行扩建。园西掘池积土成石包土山，并在山上遍植林木，布置三叠瀑布，边侧建"观瀑亭"，题名"听涛"。亭中四扇槅扇，中部刻《飞瀑亭记》，裙板上刻有杏林春慈、荷净纳凉、东篱佳色、山家清供四幅图案。图中杏花、荷花、菊花、梅花分别代表春夏秋冬四季。其中，东篱佳色借用陶渊明"采菊东篱下，悠然见南山"之意，暗喻隐居。三叠瀑布叠成绝壁状，于下仰观，瀑布如银河泻下；于观瀑亭中俯视，人如临深渊。瀑水四溅，声如雷鸣，犹如身临庐山三叠瀑布。

　　瀑布造景，全如《园冶》所述："瀑布如峭壁山。理也，先观有坑，高楼檐水，可涧至墙顶作天沟，行壁山顶，留小坑，突出石口，泛漫而下，才如瀑布。不然，随流散漫，不成，斯谓：'坐雨观泉'之意。夫理假山，必欲求好，要上说好，片山块石，似有野致。"

　　狮子林瀑布的文化内涵，园主贝仁元（一名润生）自己在《重修狮子林记》中说得明白："仁元世居茂苑，侨寓淞滨，市廛溷迹，非无鲈脍之思，林壑怡情，敢效菟裘之筑。"文中"菟裘之筑"出自《左传·隐公十一年》"使营菟裘，吾将老焉。"后世称士大夫告老归隐的住所为"菟裘"。显然，瀑布具有园主归隐的象征义。

瀑布象征园主归隐自然

二、园林景点布置中的宗教隐喻

问梅阁

　　狮子林"问梅阁"布置取意于禅宗故事马祖问梅。一天，禅师马祖道一派人去余姚大梅山测试弟子法常，说道："大师近来佛法有变，以前说即心即佛，现在说非心非佛，不知你怎么想？"法常当即回道："这老汉在迷惑人，他说他的非心非佛，我只管即心即佛。"马祖听后认为法常禅心坚定，可承衣钵，便对众人说："大众，梅子熟了。"园主以"问梅"题名，暗喻自己已如法常一样，深得佛学堂奥。近代狮子林重建后沿用旧名，但取意另有解释，"问梅阁"取意于唐王维《杂诗》：

君自故乡来，应知故乡事；

来日绮窗前，寒梅着花未？

"问梅阁"原意象征园主已得佛学堂奥

　　阁中，桌、椅、井藻、地花都用梅花形；窗纹为冰梅纹；八联隔扇的书画内容也均写梅花，园主借梅喻志。

问梅阁室内梅花主题装修

卧云室

"卧云室"也许是狮子林最富禅味的地方。"卧云室"是禅房，处假山中央顶端，开门便见峰峦环抱，但山体实为太湖石，人工堆叠而成，高只不过十几米，远不如真山气象，更无云可卧。但通过象征对人的引导，使假山在人的意念中急剧放大。

既然一石一峰都能比作三山五岳，狮子林把占地 1.73 亩地的假山象征为佛家须弥山就在情理之中了。

卧云室象征远离凡尘，深居须弥山灵界

在这个特定环境中，"卧云"两字发人想象：云生高山，绕之峰腰，卧云者必居高山群峰间，这种想象如王维之诗引起的想象那样有心的作用，移景、转换空间，狮子林假山变成真山，人飞升到几千米，真若高处云端。狮子林一堆湖石，道中人看来就是浙江天目山狮子岩，似象非象的石狮子就是佛像。狮子林面积广不过 16.7 亩，空间一粒芥子而已，却容纳了不只一座天目山，而是整座须弥山和佛教的全部精神。如此站在卧云室再观狮子林，就会叹道：假山群峰何巍巍，白云在我禅房下；狮子林围墙何邈邈，宇宙在我内心中。狮子林虽处市廛，由于禅的引导，僧人在此却可达到止息杂虑、远离凡尘、归于寂静的境界。至于卧云室周围布置，诸如凌空"飞虹"，洞穴磴道，奇峰插云，做成高下盘旋、峰回路转各种迷乱状，应该理解为一种暗示：不要为外界纷乱的现象所迷惑，要坚定自己的信念，静心休养，方能获得智慧，修成正果。

雪香云蔚亭

拙政园"雪香云蔚亭"布置引发观者对生命意义激烈的思辨。其布置为亭内一石桌三石凳，亭外一石桌一石椅而已，亭侧植寒梅数枝，给人朴素本真的感觉。

雪香云蔚亭引发观者对生命意义激烈的思辨

亭内有一副对联，取之南朝诗人王籍《入若耶溪》诗，见者无不吟哦沉思，对联写道：

蝉噪林愈静
鸟鸣山更幽

从常理上讲，蝉噪应该使树林充满噪声，鸟鸣则会打破山的幽静，但对联反其道而行之，声响反而引起寂静，这使人想起日本著名俳句诗人芭蕉《奥州小路》："闲寂呀，蝉声渗入岩石里。"对联和诗句都抓住了现实生活中寂处有声更觉静的体验，用以声显静的手法表达佛教的虚空美、寂静美，给亭周围渲染禅气氛，引起观者的禅思。从佛教思考出发，禅宗提出"无相为体"，世间一切事物都是无常和虚幻不实的，因缘而生，为无，为空。龙树在《大智度论》中说："观一切法从因缘生，从因缘生即无自性毕竟空。毕竟空者是名般若波罗密。"般若波罗密就是虚空的境界。所以，可以理解对联中的"林"和"山"都不是长久存在的实体，最终也是虚空一片，更何况"蝉"或"鸟"！蝉不过一夏，鸟不过暂歇枝头片时，当暮秋寒露时，蝉便告终，鸟鸣唱几句即倏忽飞逝，短暂的声响不足以改变永恒的寂静，声响之后是长久的寂静，所以对联中"愈"和"更"字表示递进关系。对联似乎启示世人：既然世界是"空""寂"，人在凡尘中的一切行为都不过一夏蝉鸣几声鸟啾罢了，不如尽早离弃对尘世浮华的眷恋，去寻找"自性"，世间只有"自性"才是真实存在，不要再为那流变不定、最终归于寂静、空空如也的"色"而自寻烦恼。

"雪香云蔚亭"居池岛最高处，伫立亭侧，向下俯瞰，可见远香堂、倚玉轩、香洲诸华美建筑，雕梁画栋，飞阁流丹，又兼嘉树玉竹，绿池禽鸟，朱廊石桥萦绕穿插，美尽人间之所有。环视亭左右，仅古树几棵，白梅数枝，扎根黑土，无声无息，与下面华美景象对比，暗示下面那一派美景便是凡尘间一缕烟云，如蝉叫如鸟鸣，雪香云蔚亭一片便是天界一角。怪不得笃信佛教的梁简文帝读到"蝉噪林愈静　鸟鸣山更幽"两句时叹道："吟咏不能忘之"。

亦不二亭

留园"亦不二亭"名出自《维摩诘经·入不二法门品》，文殊问维摩诘，何等是不二法门，维摩诘默然不应。文殊曰：善哉，善哉，乃无有文字语言，是真人不二法门。此公案意为不假语言文字，靠自己"悟"直接入道。"亦不二亭"象征园主已找到入道之门。

亦不二亭象征园主已找到入道之门

　　"亦不二亭"位于留园东部，与园主家庵"贮云庵"、"参禅处"构成一长方小院，为园主宗教生活的场所。那里植有竹林一片，精心养护，氤氲着佛教气氛，游客驻足竹林，微风乍起，顿觉心灵澄澈，感受异于别处。留园的竹子象征园主对佛教的信仰。竹与佛教有很多关系，竹节与节之间的空心，是佛教概念"空"和"心无"的形象体现；竹叶发出的飒飒声，一些大师看作是神启的信号。据说释迦牟尼在王舍城宣扬佛教时，归佛的迦兰陀长者把自己的竹园献出，摩揭陀国王频毗娑罗就在竹园建筑一精舍，请释迦牟尼入住，释迦牟尼在那里驻留了很长时间，那幢建筑就与著名的舍卫城祇园并称为佛教两大精舍。这则传说使竹在佛教界身价百倍，被看作圣物，出现在所有的佛教寺庙中，居士、信徒也在家园中引种竹子，表达对佛教的信仰。

闻木樨香轩

　　留园最富禅味的地方是"闻木樨香轩"。"闻木樨香轩"处中部西首，为中部最高点，轩似古代马车，四面开敞，轩周围群植桂花，每逢秋季，坐高爽轩中，木樨花香熏人沉醉。

　　"公案"是佛教名词，禅宗认为前辈祖师的言行范例，可以用来判断是非迷悟。他们把精彩和有警策意义的事例搜集起来，称为"公案"，当作典范供后人学习。公案的特点是以物暗示、以物引言，用机警的三言两语点破禅机，引发对方突然开悟。

"闻木樨香轩"所取的公案是：

黄庭坚到晦堂处求教入门捷径，晦堂问："只如仲尼道：'二三子以我为隐乎？吾无隐乎尔者。'太史居常，如何理论？"黄庭坚想要回答，晦堂说："不是！不是！"黄庭坚迷闷不已。一日随晦堂山行正值桂花盛开，晦堂问："闻木樨花香么？"黄庭坚说："闻。"晦堂说："吾无隐乎尔。"黄庭坚一下子开悟。[1]

这则公案反映了一个原则："直心是道"。禅并非变幻莫定的云霞，要得禅理，平凡直接就是悟道。闻木樨香轩所处最高处与西部埠相连，中隔云墙；轩南北回廊尽依山势，高低起伏跌宕骤然，为苏州园林走廊起落幅度之最，正因为如此，人行走之时，深得自然之趣；桂树与古木相间，泥石根茎尽行裸露，无草皮覆盖，若处山野；更绝的是轩西所依墙面，嵌有两王书法碑刻，那醉酒中的本我流出的墨迹，行云流水，气韵翻腾，无阻无碍，书法的真意与轩周围的自然布局提示了"直心是道"的意思，似乎使人一下子悟到随缘任运、不执著、不偏执的禅理。闻木樨香轩散发出隐约但弥久的禅的气氛，让人感觉似接禅机，徘徊不去。

回廊依山势高低起伏，暗示"不执着"

---

[1]　普济：《五灯会元》，中华书局1984年版，第1139页。

泥石根茎尽行裸露，暗示入门之道全凭自性

静中观

留园东部还有一处颇富禅意、发人深省，那就是"静中观"，它是东部建筑群的核心。庭院不过四十平方米，四周墙廊回复，交错互叠，虽有走廊可循，洞门空窗相望，但近在咫尺的可望之景，不可一步抵达，由于廊、洞门、空窗对视觉的引导，使人觉得四面空透，景外有景，延伸无尽，丝毫无逼仄局促的感觉，为此向来被视作古典园林建筑的佳作。且不管建筑上的艺术性，倒是"静中观"的建筑现象可以激发禅的思考，刘禹锡诗"众音徒起灭，心在静中观"，面对繁复的建筑变体，若能心怀平静，无欲、无念、那么繁复错乱之象，咫尺美景则何扰于我，怎动我心？这是接引人进入"止息杂虑"的境界。

自在处

"自在处"在留园"远翠阁"下层，上层宜远眺，取唐朝诗人方干"前山含远翠，罗列在窗中"诗意，故名"远翠阁"。阁下门前种花坛种植蔷薇花，每逢花季，无数花朵依藤蔓延狂放，无拘无束布满整个花坛，合宋陆游"高高下下天成景，密密疏疏自在花"诗意。"自在处"题名还含有佛教教义，《法华经·序总》："尽诸有结，心得自在。"园主题名"自在处"，意在象征文人不受拘束、任情自在的性情。又借蔷薇花意象，暗示人获得心灵自由的途径。

回廊自由的蜿蜒前行，是"心得自在"的暗喻

耦园布局中的易学主题表达

"师法自然"是苏州古典园林造园的最高境界。拙政园初建，依据原来地形，"稍加浚治，环以林木"。留园中部，土阜之上建"闻木樨香轩"，上下回廊依势而建，起落跌宕，坡度陡削不设踏步，以致年迈者难以单独步行。古代大户官僚住宅，必坐北朝南，苏州私家园林，所建园门并非一律朝南，而是因地制宜，随势定向。今天大家熟知的名园中如沧浪亭门朝北；艺圃门朝北；怡园门朝东。更有许多年久失修，隐于小巷之中的昔日私家园林，其门朝向也是依街巷方向而定，东南西北皆有，与一般民宅并无二致。然而，耦园布局一反苏州古典园林建园法则，刻意讲究方向、位置。作为园林要素的建筑、山石、水池、树木等均体现出精心的安排，蕴含着易学原理，这在苏州古典园林建筑史上是一个极罕见的例子。

耦园主人沈秉成号听蕉，自名老鹤，自称先世为一鹤。平生喜读佛道之书，又好扶乩之术。他的先祖沈炳震专攻古学，与乾嘉时期书法四大家过从甚密，其中刘墉有亲笔对联一副相赠，联曰：

闲中觅伴书为上
身外无求睡最安

沈秉成在耦园落成后，将先祖保存的这副对联置于城曲草堂东面小书斋内，印证了沈秉成是一个喜探究易学的人，也说明耦园布局中蕴含的易学原理决非偶然为之（传统文化的不自觉流露或巧合），而是园主人有意为之的结果。易学法则用于私家园林建造，为我们提供了一份极其珍贵的园林文化遗产。

下面对照耦园平面图，分析易学在耦园布局中的运用。[1]

耦园平面图

耦园全园分东花园和西花园两部分。面积东花园大西花园小，是根据阳大阴

---

[1] 刘敦桢：《苏州古典园林》，中国建筑工业出版社1979年版，第428—429页。

小的原理而定。园门南向，东花园位左，西花园位西，符合左阳右阴之制。园门居东西两园之中而面向南，据《周易》，南为离卦，对应一日正午和一年的夏季，此时太阳日照充足，为一日和一年之中阳气最旺的时刻。布衣小民贫贱卑微，难与盛阳平衡，不避反为其伤，所以阴阳民宅不敢正南而立。阳宅门偏设在东南处，东南方是巽位，虽有招财进宝寓意，但也含有避冲这层意思。官衙和道观寺庙是正统建筑，可正南而立。贵族巨贾借官运财气，阴阳宅也可正南而立。耦园主人上祖世代官宦，门庭显赫，自己官至安徽巡抚，官财两旺，园门正南而立，可借天地盛阳相济助旺。又有"离也者，明也，圣人南面而听天下，向明而治"一说。[1]耦园正南立门，象征光明，也表明园主人比附圣人。

居东西两园中间有一条中轴线，门厅之后是轿厅，再后是大厅和楼厅。这条中轴线略微偏西，形成西花园大东花园小的格局。大厅居中央名"载酒堂"，面阔五间，是耦园主厅，为主人宴请宾客之所。"择中"现象在历代都城建筑中一再体现，与"洛书"和"九宫图"有关。《汉书·五行志》写道："伏羲氏继天而王，受河图，则而画之，八卦是也。"[2]这是把"河图"、"洛书"与《周易》八卦联系的开始。"河图"、"洛书"以图式解释八卦起源和《周易》原理。"洛书"由45个黑白点组成，白点表示奇数，黑点表示偶数。写成数字即为"太一下行九宫图"。

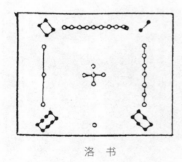

洛　书

巽 四	离 九	坤 二
震 三	中 五	兑 七
艮 八	坎 一	乾 六

太一下行九宫图

九宫图居中的数为"5"，它与任意两边的两个数字相加，其和必定是"15"，因而，"中五"具有本体论意义。古人又把"3"看作天数，"2"看作地数，"5"

[1]《说卦传》第五章。
[2] 金良年：《中国神秘文化百科知识》，上海文化出版社1994年版，第206页。

就是天地数相加之和，为此，"中五"象征未分天地时的本初太极。"载酒堂"建筑规模面阔 5 间，蕴涵"中 5"数之意。苏州古典园林受空间限制，一般不规划中轴线，代之以非几何布局，以避空间逼仄之短。耦园在苏州古典园林中面积不算大，但有明显中轴线布置，这是因为《易纬·乾凿度》："易一阴一阳，合而为十五之谓道"，"15"代表"道"，"道"为根本，中轴线象征"道"。大厅"载酒堂"位于耦园中央象征"5"，体现主建筑地位。如果没有中轴线就没有全园的易学构架，对照"太一下行九宫图"，可以确定耦园布局是以它为蓝本的。

从阴阳学角度看，阴阳不是截然分开的两部分，而是阴中有阳，阳中有阴，阴阳交互。耦园的主题是夫妇双双归隐，因而东花园布置象征男女生活和谐美满。严永华是沈秉成第三任夫人，数字"3"对应方向是东，所以，东花园到处有园主第三任夫人的影子。

"受月池"，题名中的"月"为阴，"阴"的异体字写成"水月"意即水中之月为阴。池岸由石块堆砌，石为阳，故池为阳。池中水与水中月为阴，"受月池"暗寓男主人接受和依恋女主人。

"望月亭"位于东墙根，东为阳，"阳"望属阴的"月"，同样有男主人依恋女主人的寓意。

水阁"山水间"题名表达园主夫妇既是性情相投，又是学问知己

"双照楼"，题名中"照"是"明"的意思，"双"是指"日"和"月"，"日"为阳，"月"为阴，日月双照，阴阳并存为"明"字，暗喻园主夫妇双双比肩共存。

　　"鲽砚庐"，题名因沈秉成得一石块，剖开制成两块砚台，与夫人各掌一砚。"鲽"字在《辞海》有解释："比目鱼的一类。体侧扁，不对称，两眼都在右侧。"沈氏将一石制成不对称的两块砚台，以"鲽砚"命名，有夫妇阴阳和合之寓意。

　　"山水间"为一水阁，所处地平线较低，向北仰望石峰嵯峨高峻，正合"高山流水"意境，"山""水"暗喻阴阳男女，"山水间"的布置和题名表达园主夫妇既是性情相投，又是学问知己。

　　东花园还种植梧桐树，梧桐树为阴性植物，对应西方，所以梧桐树安排在西墙边。据说儿子为母亲送葬时，要用梧桐木做的手杖，如果为父亲送葬，则要换成竹杖。原因是梧桐节疤在树干内，象征女性；竹节在外，象征男性。民俗认为，梧桐树招引凤凰栖息，鹓雏是传说中与鸾凤同类的鸟。沈氏在东园西墙边种植梧桐，可以认为他把夫人比喻为凤凰，招引来东花园栖息，与他共度时光。

　　东花园主要建筑有规律地按照《易》学规定的方位布置。

　　"筼廊"，"筼"是竹子的别称，竹为阳，象征春天，故筼廊紧贴东墙布置。

"筼廊"对应春季位置安排在园东端

"樨廊"，廊侧种植木樨花，木樨花即桂花，桂花为秋季之花，对应方位为"西"，故"樨廊"布置在东园最西边。

"樨廊"对应秋季位置，安排在园西部

"城曲草堂"，位于全园东北角，东北为"艮"，"万物之所成，终而所成始也，故曰成言乎艮"。又《易》："艮，止也，时止则止，时行则行，动静不失其时，其道光明。"沈氏认为自己已经功成名就，毅然退离官场，归隐耦园，为人生奋斗道路画上句号，所谓"生而所成"，"时止则止"，实现生活转换。从此他过着轻舒恬淡的平静生活，有对联写道：

卧石听涛，满衫松色
开门看雨，一片蕉声

"艮"还对应"化"和"心（思）"，沈氏在"艮"位建草堂，有功成隐退化解凡俗心思的寓意。

"城曲草堂"相对东花园而言，处正北方向，北为藏，对应五常的"智"，《白虎通·情性》解释道："智者，知也，独见前闻，不惑于事，见微者也。"[1] 为此，沈氏又在城曲草堂内辟"补读旧书楼"，收藏书籍甚丰。他在清闲的时候，补读旧书，借以生发新见解，长智解惑，颇有追求"觉今是而昨非"境界的意味。

整体上看西花园与东花园形成阴阳关系的布置有：面积上，西为阴，故面积小于东花园；西花园原有水假山（水为阴），与东花园旱假山形成对应；西花园有一口井（小为阴），与东花园水池对应；西花园以阴柔曲线的纤巧太湖石堆叠假山，与东花园以阳刚直线条的敦厚黄石堆叠的假山对应。

从个体建筑及其布置看，与易学有关系的为以下几项：

"藏书楼"，位于偏北西墙根，西对应"收"，北对应"藏"，藏书楼安排在"收"、"藏"的位置，符合易学。一般寺观藏经楼都安排在北面，北对应水，寓意以水压火，避免火灾发生。耦园安排"藏书楼"也有此意。

西花园"藏书楼"位于西北角，易学中西北方向有收藏涵意

这里更有另一层意思，西为兑卦，象征秋季，秋季正是果实累累、令人喜悦

---

[1] 刘敦桢：《苏州古典园林》，中国建筑工业出版社 1979 年版，第 428—429 页。

的收获季节。兑还有语言表达和人生归宿的意思。沈秉成生于 1822 年，购下耦园时（1874 年），他才 52 岁，这个年龄对应季节，相当于仲秋时节，也是人生最有收获的成熟阶段，退出官场著书立说，成为沈氏晚年的选择。关于"言"，《左传·襄公二十四年》有云：

> 太上有立德，其次有立功，其次有立言，虽久不废，此之谓不朽。

孔颖达疏："立德，谓创制垂法，博施济众；立功谓拯厄解难，功济于时；立言，谓言得其要，理足可传。"从沈秉成履历来看，在苏淞太道任职期间，多次因功被赏，"八年授江苏常镇通海道，十年调苏淞太道，累以筹饷功，加按察使衔，晋布政使衔，赏戴孔雀翎"。[1]

立功已圆满完成，立言传世自然成了沈氏当时的最高精神追求和人生最后归宿。沈氏身后给世人留下了《蚕桑辑要》、《鲽砚庐金石款识》诸种著述，确实做到了"立言"。所以他在西花园西部安排"藏书楼"和"织帘老屋"，表示自己准备著书立说，把一生经历和学习体会当作果实收获，传给后人。

沈氏从封疆大吏的高位上退下来，虽然疾病染身是一个原因，但主观上想淡出官场也起了不小作用。他是性情中人，好道学佛理，疏淡名利，与政客类官僚完全不同。购园两年后耦园落成，他以欣喜心情写成一诗，曰：

> 不隐山林隐朝市，草堂开傍阖闾城。
> 支窗独树春光锁，环砌微波晚涨生。
> 疏傅辞官非避世，阆仙学佛敢忘情。
> 卜邻恰喜平泉近，问字车常载酒迎。

夫人严永华和诗曰：

> 小歇才辞黄歇浦，得官不到锦官城。
> 旧家亭馆花先发，清梦池塘草自生。

---

[1] 俞樾：《安徽巡抚沈公墓志铭》。

绕膝双丁添乐事，齐眉一室结吟情。

永春广下春长在，应见蕉阴老鹤迎。

时沈氏为苏淞太道，擢升河南按察使与四川按察使，他均以病辞未赴。升迁机会不要，却转入市廛小巷隐居，这是人生中一次重大的选择，他得到了夫人由衷的支持，因此他无悔这样的转变，认为这次决断是适宜的。"西"方和"西北"方又相对于五常的"义"，《白虎通·情性》说："义者，宜也，断决得中也。"沈氏把余生安排给著书立说，认为是适宜的决断，所以把"藏书楼"和"织帘老屋"布置在西北面和西面，含有"义"的隐义在内。至于"织帘老屋"的题名，可以这样理解："麻"对应"西"，织帘的纬线材料是"麻"，如此命名，既隐含易理，又表示夫妇归隐之意。

织帘用的"麻"对应西方，故织帘老屋

以上分析可见，耦园以易学原理构架全园，蕴含的意义体现出中国传统文化深厚的底蕴。耦园表达了夫妇双双归隐的主题，不过，如果简单地把耦园看作是沈氏夫妇归隐后，整天卿卿我我无所作为、欢度余生爱情生活的住所，恐怕有点肤浅了。耦园布局中蕴含了中国古代文化信息，反映了那个时代人的观念，我们解读它的时候，仍然可以把这些文化现象看作中国传统文化的一部分。

第十一章　民国时期江南传统建筑与园林的嬗变

　　鸦片战争后，清政府被迫开埠，西方文化随着洋务运动逐渐进入中国。到民国，西方文化进入已从如丝如缕演变成如潮如涌，凡文化形式无不浸润着西方色彩。建筑风格毫无例外地发生变化，在形制和装饰上逐渐形成中西融合的独特风格，反映强烈的时代特征——社会文化的开放与交融。晚清至民国风格形成后，似乎停顿了下来，并没有作连续性的演进，因此，这种风格如断崖兀立，成为一个历史阶段的遗存，其特殊性没有被一般性所淹没，具有独创的价值。

　　概而言之，晚清和民国的建筑装饰有以下几个方面发生变化：（1）材料；（2）色调；（3）内容，包括纹样、家具陈设和植物布置；（4）视觉效果。它们之间是一个前后相续的连锁反应，由新型材料如玻璃、水泥的采用，引起建筑色调变化；由借鉴西方建筑文化引起对晚清传统建筑装饰的改变；由材料、色调、纹样、家具陈设和植物布置的改变，引起视觉效果的不同，最终改变了建筑给人的整体感受。

一、新型材料使装饰色调轻松明亮

　　中国传统建筑以砖、木、石为主要材料，窗户用纸糊或明瓦挡风采光，室内光线昏暗，加之深棕色家具，整体建筑的色调凝重，给人压抑的感觉。晚清开始，西方工业国家用于建筑的材料如水泥和玻璃传入我国。特别是基督教堂的彩色玻璃，以绚丽的光彩和图案营造轻松氛围，具有引发快乐和幻想情绪的功能，彩色玻璃绚丽的色彩和中国古建筑华贵的装饰交相辉映，相得益彰，充分满足了主人显示尊贵的心理，再者较糊纸和明瓦具有明显的优越性——明亮、经久耐用，因而大受欢迎。

拙政园"留听阁"彩色烧花玻璃的光斑，反映晚清海派人士的内心开始迈出灰色的专权文化樊篱

狮子林园主贝润生从海外归来，1917 年以 9900 两白银购下后作较大改建和装饰，原先作为寺院的功能几乎消失，脱胎为具有海派风格的近代园林。彩色玻璃装饰了"暗香疏影楼"、"问梅阁"、"小方厅"和"打盹亭"几处建筑，标志着明清时代建筑风格的终结和近代园林建筑风格到来。

处在苏州城外 30 多里东山镇上的豪宅"雕花楼"，主人金锡之早年去上海，后经营发迹，任上海纱业公会会长，积下百万资产，他也用彩色玻璃装饰建筑，反映主人在上海经营时所开的眼界，把十里洋场的西洋风格搬回到闭塞的古镇。

白色和浅灰色水泥因其美观方便，又能有效免受火灾破坏而受欢迎，水泥栏杆开始代替木作栏杆，白色代替栗壳色。如建于 1933 年的天香小筑，整楼采用玻璃瓦顶、彩色玻璃、花砖、洞门、花地砖、地罩装修，尤为突出的是楼内的白色水泥栏杆，给人温暖和轻松快乐的感觉，一派南国情调。

狮子林"小方亭",几何线条和彩色玻璃与古典园林结合,成为近代园林的重要特征

铁栏杆较罕见地出现在拙政园西部,由于园林屡易园主,几经改建,特别是光绪三年(1877),吴县富商张履谦出价银6500两购得后,大加修葺,易名"补园"。改建中用彩色玻璃装饰"卅六鸳鸯馆",专为听戏之用。馆西桥面以高至人胸的浅灰色铁栏杆围护,与古典园林要求低矮石栏杆大相径庭,深深打上了西洋风格的印记。东山雕花楼也采用浅灰色铁栏杆,二者同出一辙,为同一时代产

拙政园西部的浅色铁栏杆带来几许清新

物。浅灰色铁栏杆虽与传统建筑不甚协调，但"补园"的浅灰色铁质桥栏为听戏的"卅六鸳鸯馆"增添了娱乐气氛，东山雕花楼用浅灰色铁栏杆代替传统深棕色木栏杆，则一扫深宅大院沉闷，带来几许轻松。

二、室内装饰更具人情味和尊贵

　　室内装饰的变化主要集中在家具陈设方面，传统坐具通常是太师椅、官帽椅、一统背式椅，尺寸和形制迫使坐者摆出"正襟危坐"姿势，以符合传统礼数，较少舒适感。西洋沙发的舒适感令人难以抵拒，所以在近代建筑中出现。留声机、自鸣钟也被引入，落地窗帘豪华雅致，理所当然替代竹帘。西洋的豪华装饰与传统室内装饰如罩、槅、屏风等结合，交相辉映，显示出浓郁的人情味和矜持的高贵。

拙政园"玉兰堂"的企口地板与古典家具相得益彰，倍显华贵

三、室外装饰愉悦可亲

传统建筑的窗格图案是重要的装修形式之一，图案往往有含义，表现中国文化的含蓄。彩色玻璃代替窗格图案，产生了独特视觉效果，也带来了西方的文化韵味。

狮子林、拙政园西部"补园"部分，窗多用几何形彩色玻璃装修，明快的色调体现令人心理舒展的优点，与古典园林内敛甚至压抑的建园基调形成对照，凸现出的东西方文化差异，引发人去省察其深厚的历史文化背景。

狮子林"小方亭"以建筑记录了欧风美雨对中国社会影响的历史

栏杆的变化当以天香园为例，建筑的柱间用白色水泥栏杆划分空间，与洋楼呼应，体现西洋建筑爽朗的个性。

墙面，古典园林都用石灰白墙，少部分也用浅灰色水磨砖贴墙。天香园的内墙面施以水泥菱形图案，与白色水泥栏杆相一致。

天香园的白色水泥栏杆与西洋建筑协调，给人温暖和轻松快乐的感觉

古典建筑十分重视脊饰内容的含义，多为驱邪迎祥，特别是压制火灾的主题，以巫术形式——以物克制的手段表现，但西洋建筑没有脊饰，苏州天香园以玻璃瓦为顶，完全取消脊饰。

古典建筑也在瓦当上制有驱邪迎祥的纹样，包括文字。由于西洋建筑以铁皮静落管（苏州方言）接引屋檐雨水，用洋瓦的建筑不再采用瓦当。

铺地是中国传统建筑装修中重要内容之一，借以表达驱邪迎祥的愿望。西洋建筑侧重客厅铺地，几何图案没有特别寓意，所以晚清民国建筑庭院中的传统铺地内容依旧，成为中西建筑风格合璧的特色之一。

四、植物象征由西方式的理性代替东方式的感性

园林中的植物除起装饰作用外，总是自觉不自觉地表达某种文化含义。中西园林中的植物布置区别实质上是两种宇宙观的体现。中国园林崇尚摹仿自然，来自道家顺应生存的哲学思想。中国文化认为人无力改造自然，人只能通过顺从自

然才能获得最大的自由和存在，所以中国园林力图符合宇宙原则，处处摹仿自然，与自然保持和谐一致。又受山水画理影响，植物呈散点自由式布置，不作人工图案。在苏州有颇长生活经历的叶圣陶说："苏州园林栽种和修剪树木也着眼在画意。高树和低树俯仰生姿。落叶树与常绿树相间，花时不同的多种花树相间，……没有修剪得像宝塔那样的松柏，没有阅兵式似的道旁树；因为依据中国画的审美观点这是不足取的。"[1] 连黑格尔也注意到这点，他说中国"花园并不是一种真正的建筑，不是运用自由的自然事物而建造成的作品，而是一种绘画，让自然事物保持自然形状，力图摹仿自由的大自然。它把凡事自然风景中能令人心旷神怡的东西集中在一起，形成一个整体，例如岩石和它生糙自然的体积，山谷，树木，草坪，蜿蜒的小溪，堤岸上气氛活跃的大河流，平静的湖边长着花木，一泻直下的瀑布之类。中国的园林艺术早就这样把整片自然风景包括湖、岛、河、假山、远景等等都纳到园子里。"[2] 中国建筑中的植物高度重视植物的象征义，喜欢借植物喻意，这种喜好既受巫术中借物克制的影响，又有诗歌文学中比兴手法的影响，因而，决定中国园林是诗情画意式的。从本质上讲，中国文化偏向感性文化，多是情绪的产物，园林植物即是文人寄情抒怀的精神象征。

西方文化崇尚改造自然的精神来自理性哲学，相信通过改造自然可以挣脱加之于人的束缚，最终获得人的自由。所以西方园林处处人工造作，建园原则强调与科学技能结合，合乎科学规律。园林植物被修剪成平面或立体的几何形，安排规则、对称，符合数的关系和油画透视原理，使大自然服从于建筑，体现人的力量。黑格尔写道："树木栽成有规律的行列，形成林荫大道，修剪得很整齐，围墙也是用修剪整齐的篱笆造成的，这样就把大自然改造成为一座露天得大厦。"[3] 西方园林植物布置象征理性的科学进取精神。

天香园有修剪整齐的法国冬青，代替自由散乱的中国式植物布置，是晚清民国建筑中变化很大的内容。历史文化背景决定西方文化是表面化的直白文化，中国在专制统治下，文化则走向了含蓄，甚至晦涩。受西方建筑影响，晚清民国建筑中大部分取消了含蓄晦涩具有象征意义的景点布置，代之以视觉效果强烈的几何色块和线条，置身其里，如聆听古希腊先哲们对宇宙法则的雄辩演绎。

[1] 叶圣陶：《苏州园林》序，《叶圣陶散文乙集》，生活·读书·新知三联书店1984年版，第1页。
[2] 黑格尔：《美学》第3卷上卷，商务印书馆1982年版，第104页。
[3] 黑格尔：《美学》第3卷上卷，商务印书馆1982年版，第105页。

天香园中修剪整齐的法国冬青向我们传递着西方文化的理念

相比之下，中国园林每一植物布置都有相对独立的含义，相互之间的逻辑联系不明显，置身其里则如遇儒、道、释教主和大师们片断式的教导或隐晦的暗示。这就是寄寓于园林装饰符号中的东西方文化差异。

从以上分析可看出，近代建筑装饰中的西方文化因素，从色调、内容、图案和线条上给我们带来了明快、轻松和愉悦，取代了中国传统建筑装饰的色调浓重沉闷、线条复杂、图案内容表达晦涩。已经清楚，这是文化类型的不同所使然。中国传统建筑文化是农业文明——封建文化的一部分，封建专制制度中等级、道统、尊卑、贵贱必然贯穿起来压制人性，反映在建筑上，就是给人压抑感；近代西方文化是工业文明——反封建的文化，反等级制和道统，是解放人性的文化，因而建筑给人舒展轻松的感觉。晚清民国是中国社会的转型期，迎新送旧，结束传统建筑古典主义，接受西洋建筑风格是不可抗拒的潮流，符合从封建枷锁下解放，重获自由的中国人心理。上文提及的建筑装饰忠实地记录了中国历史走向开放的心理印记，从建筑学角度看，这一特定时期的建筑风格独树一帜，堪为我们今天研究借鉴。

参考文献

中国科学院：《中国自然地理、历史自然地理》，科学出版社 1982 年版。

北京大学哲学系：《18 世纪法国哲学》，商务印书馆 1979 年版。

文焕然：《中国历史时期植物与动物变迁研究》，重庆出版社 1995 年版。

文焕然：《中国历史时期冬半年期后冷暖变迁》，科学出版社 1996 年版。

龚高法等：《历史时期气候变化研究方法》，科学出版社 1983 年版。

吕振羽：《史前期中国社会研究》，河北教育出版社 2000 年版。

李学勤：《中国古代文明研究》，华东师范大学出版社 2005 年版。

吴汝祚、徐吉军：《良渚文化兴衰史》，社会科学文献出版社 2009 年版。

马雪芹：《古越国兴衰变迁研究》，齐鲁书社 2008 年版。

江苏省地方志编纂委员会：《江苏省志》，江苏古籍出版社 1999 年版。

《上海通志》编纂委员会：《上海通志》，上海社会科学院出版社 2005 年版。

浙江省地方志编纂委员会：《浙江通志》，中华书局出版社 2001 年版。

竺可桢：《中国近五千年来气候变化的初步研究》，《中国科学》1973 年第 2 期。

（俄）瓦·康定斯基：《论艺术的精神》，查立译，中国社会科学出版社 1987 年版。

（德）W·沃林格尔：《抽象与移情》，王才勇译，辽宁人民出版社 1987 年版。

（意）翁贝托·艾柯编著：《美的历史》，彭淮栋译，中央编译出版社 2007 年版。

（英）伯兰特·罗素：《西方的智慧》，商务印书馆 1999 年版。

（明）王圻、王思义编集：《三才图会》，上海古籍出版社 1988 年版。

（清）《二十二子》，上海古籍出版社 1986 年版。

（清）阮元校刻：《十三经注疏》中华书局 1980 年版。

（宋）李诚：《营造法式》，人民出版社 2006 年版。

（明）午荣汇编：《鲁班经》，华文出版社 2007 年版。

（明）计成著、陈植注释：《园冶注释》，中国建筑工业出版社 1988 年版。

张岱年：《中国伦理思想研究》，上海人民出版社 1989 年版。

朱贻庭：《中国传统伦理思想史》，华东师范大学出版社 1989 年版。

金景芳：《周易讲座》，吉林大学出版社 1987 年版。

朱东润：《中国历代文学作品选》，上海古籍出版社 1979 年版。

赵守正：《管子注译》，广西人民出版社 1982 年版。

刘敦桢：《苏州古典园林》，中国建筑工业出版社 1979 年版。

周维权：《中国古典园林史》，清华大学出版社 1990 年版。

侯幼彬：《中国建筑美学》，黑龙江科学技术出版社 1997 年版。

张家骥：《中国造园史》，黑龙江人民出版社 1986 年版。

《中国建筑史》编写组：《中国建筑史》，中国建筑工业出版社 1993 年版。

楼庆西：《中国建筑的门文化》，河南科学技术出版社 2001 年版。

韩增禄：《易学与建筑》，沈阳出版社 1999 年版。

孙宗文：《中国建筑与哲学》，江苏科学技术出版社 2000 年版。

戈父：《古代瓦当》，中国书店 1997 年版。

亢羽：《易学堪舆与建筑》，中国书店 1999 年版。

王鲁民：《中国古典建筑文化探源》，同济大学出版社 1997 年版。

李浩：《唐代园林别业考》，西北大学出版社 1996 年版。

苏州市地方志编纂委员会办公室编印：《拙政园志稿》，1986 年版。

苏州园林管理局编著：《苏州园林》，同济大学出版社 1991 年版。

曹林娣：《苏州园林匾额楹联鉴赏》，华夏出版社 1991 年版。

苏州地方志编纂委员会办公室：《老苏州》，江苏人民出版社 1999 年版。

刘炜主编：《中华文明传真》，上海辞书出版社、商务印书馆（香港）2001 年版。

郑土有：《中国仙话》，上海文艺出版社 1990 年版。

刘长久：《中国禅门公案》，知识出版社 1993 年版。

胡朴安：《中华全国风俗志》，河北人民出版社 1986 年版。

乔继堂：《中国吉祥物》，天津人民出版社 1991 年版。

居阅时、瞿明安主编：《中国象征文化》，上海人民出版社 2000 年版。

居阅时、张玉峰：《今日台湾风俗》，福建人民出版社 2000 年版。

郭志诚等编著：《中国术数概观》，中国书籍出版社 1991 年版。

王其亨主编：《风水理论研究》，天津大学出版社 1992 年版。

程建军、孔尚朴：《风水与建筑》，江西科学出版社 1992 年版。

丁俊清：《中国居住文化》，同济大学出版社 1997 年版。

孙小力编著：《咫尺山林》，东方出版中心 1999 年版。

何满子、夏威淳：《明清闲情小品》，东方出版中心 1997 年版。

张伯伟：《诗与禅学》，浙江人民出版社 1992 年版。

（美）托伯特·哈梅林：《建筑形式美的原则》，中国建筑工业出版社 1984 年版。

（挪）克里斯蒂安·诺伯格-舒尔茨：《西方建筑的意义》，中国建筑工业出版社
　　2005 年版。

（法）丹纳：《艺术哲学》，人民文学出版社 1963 年版。

（美）戴维·迈尔斯：《社会心理学》，人民邮电出版社 2006 年版。

（日）小林克弘：《建筑构成手法》，中国建筑工业出版社 2004 年版。

（美）鲁道夫·阿恩海姆：《建筑形式的视觉动力》，中国建筑工业出版社 2004
　　年版。

（美）卡斯腾·哈里斯：《建筑的伦理功能》，华夏出版社 2001 年版。

（英）贡布里希：《艺术与错觉》，浙江摄影出版社 1987 年版。

（英）贡布里希：《图像与眼睛》，浙江摄影出版社 1988 年版。

（英）爱德华·B.泰勒：《人类学——人及其文化研究》，广西师范大学出版社
　　2004 年版。

（法）列维·布留尔：《原始思维》，于由译，商务印书馆 1981 年版。

（瑞士）卡尔·荣格：《人类及其象征》，高觉敷译，辽宁教育出版社 1988 年版。

（英）戴维·方坦纳：《象征世界的语言》，何盼盼译，中国青年出版社 2001
　　年版。

（美）W·爱伯哈德：《中国文化象征词典》，湖南文艺出版社 1990 年版。

《现代汉语词典》，汉语大词典出版社 1997 年版。

《辞海》，上海辞书出版社 1999 年版。

任继愈主编：《宗教词典》，上海辞书出版社 1981 年版。

袁珂编著：《中国神话传说词典》，上海辞书出版社 1985 年版。

刘锡诚、王文宝：《中国象征词典》，天津教育出版社 1991 年版。

金良年：《中国神秘文化百科知识》，上海文化出版社 1994 年版。

杨金鼎主编：《中国文化史词典》，浙江古籍出版社 1987 年版。

李叔还：《道教大词典》，浙江古籍出版社 1987 年版。

尹协理：《中国神秘文化辞典》，河北人民出版社 1994 年版。

张慈生、邢捷编著：《中国传统吉祥寓意图解》，天津杨柳青画社 1990 年版。

李允鉌：《华夏意匠》，天津大学出版社 2005 年版。

中国科学院自然科学史研究所：《中国古代建筑技术史》，科学出版社 1985 年版。

故宫博物院古建筑管理部：《故宫建筑内檐装修》，紫禁城出版社 2007 年版。

吴承洛：《中国度量衡史》，商务印书馆 2009 年版。

陈久金：《星象解码》，群言出版社 2004 年版。

顾馥保主编：《建筑形态构成》，华中科技大学出版社 2008 年版。

王琪主编：《建筑形态构成审美基础》，华中理工大学出版社 2009 年版。

图书在版编目(CIP)数据

江南建筑与园林文化/居阅时著. —上海:上海
人民出版社,2018
(江南文化研究丛书)
ISBN 978 - 7 - 208 - 15578 - 7

Ⅰ. ①江…　Ⅱ. ①居…　Ⅲ. ①园林建筑-建筑艺术-
研究-华东地区　Ⅳ. ①TU986.4

中国版本图书馆 CIP 数据核字(2018)第 284685 号

责任编辑　肖　峰
封面设计　郦书径

江南建筑与园林文化

居阅时　著

出　　版	上海人&出版社	
	(200001　上海福建中路 193 号)	
发　　行	上海人民出版社发行中心	
印　　刷	上海商务联西印刷有限公司	
开　　本	720×1000　1/16	
印　　张	17.25	
插　　页	4	
字　　数	243,000	
版　　次	2019 年 1 月第 1 版	
印　　次	2019 年 10 月第 2 次印刷	
ISBN 978 - 7 - 208 - 15578 - 7/G • 1945		
定　　价	68.00 元	